Der Havaneser

Kleiner Hund ganz groß

Ein Ratgeber aus der Praxis –
herausgegeben von Edgar August

Lutzi Verlag Allgäu

Inhaltsverzeichnis

Folgende Personen, in alphabetischer Reihenfolge, haben an diesem Buch mitgewirkt:

Assmus, Alexandra: www.dreikinder.de
August, Daniela: www.havanesergewürze.de
Beermann, Anja: www.anja-beermann.de
Behr, Petra: www.von-der-wolfspfote.de.tl
Berneiser, Ulrike: www.filmjoelk.beepworld.de
Block, Sandra: www.sandrablock.de
Bonigut, Günter: http://gb.mein-traumfoto.com
Dietrich, Sabine: www.repage4.de/member/chaoti51
Führer, Angelika: www.bellahabanitashavaneser.de
Heiduschke, Hiltrud: www.repage6.de/member/furby-und-kira
Jörg, Michaela: www.havaneserzucht-rottachberg.de
Kaftan, Eva: www.evas-havaneser.de
Lutzenberger, Andrea: www.lutzi-verlag-allgaeu.de
Moder, Janine: www.moderwald.de
Müller, Miriam: http://josies-welt.npage.de
Paulus, Daniela: www.tiere-in-not-bruehl.de
Seiler, Birgit
Schneider, Ulrike: www.funnygoblins.de
Schneider, Wolfgang: www.funnygoblins.de
Strutzenberger, Jürgen

Vorwort

Dieses Buch entstand in einer Gemeinschaftsproduktion der Mitglieder des Havi-Hunde-Forums. Die Idee der User war es, ein interessantes Sachbuch von Havaneserbesitzer für Havaneserbesitzer zu schreiben.

Die Themen dieses Buches wurden so zusammengestellt, dass wir versucht haben, Fragen die im Zusammenleben mit unseren Havanesern auftreten können, zu beantworten. Somit entstand dieses Werk, von Haltern für Halter, gewürzt mit den Kommentaren unseres Fredericos, der Havi, der Sie gemeinsam hier durch das Buch begleitet.

Im Anhang finden Sie Geschichten, die den Havanesern in unserem Forum passiert sind. Vielleicht erkennen Sie hier und da Ihren eigenen Hund wieder!

Alle medizinischen Themen in diesem Buch können keinesfalls den Tierarzt ersetzen, sondern dienen lediglich als Hilfestellung. Sollte Ihr Hund erkrankt sein, suchen Sie umgehend einen Tierarzt auf.

Ein besonderer Dank gilt der Malerin unseres Fredericos, Frau Anja Beermann. Frau Beermann mußte versuchen, jeden einzelnen Havaneser in unserem Forum in einem einzigen Hund zu vereinen. Wir finden, diese Aufgabe hat sie exzellent gelöst.

Wann immer Sie weitere Fragen haben, wir laden Sie herzlich ein, sich im Havihundeforum (www.havihundeforum.de) anzumelden und freuen uns über jedes neue Mitglied!

Jetzt wünschen wir alle Ihnen ganz viel Spass beim Lesen und beim Kennenlernen unserer wundervollen Rasse, dem Havaneser!

1. Einleitung

Guten Tag erstmal!

Gestatten Sie, ich bin der Havaneser Frederico.
Man nennt mich auch Rico oder Fredi.

Und ja, bestimmt geht es Ihnen jetzt so wie meinem Frauchen.
Oft wird sie gefragt: „Was ist das für eine Rasse?“
Dann antwortet sie: „Ein Havaneser“ –
und dann kommt ein erstauntes Gesicht und das „Aha.“

Aber Sie haben jetzt den Vorteil, dass Sie dieses Buch lesen und bestimmt werden Sie bald sehr viel mehr über mich und meine Rasse wissen.

Gemeinsam machen wir jetzt einen Spaziergang durch dieses Buch, und ich werde versuchen, Ihnen einen Einblick in das Leben und Handeln des kubanischen Seidenhündchens zu geben.
Ja, wir werden auch kubanischer Seidenhund genannt.
Warum? Oh, warten Sie ein wenig, das erfahren Sie ganz bald.

Erstmal erzähle ich Ihnen noch, wieso es jetzt dieses Havaneserbuch gibt.

Meine beiden Dosis (das sind diejenigen, die den Dosenöffner schwingen und mir ein lecker Fresschen servieren) hatten sich in mich verliebt. Und weil sie nun mal im Umgang mit dem Hund ziemlich unerfahren waren, haben sie nach Hilfe gesucht. Und es gibt leider nicht viele Havaneser-Bücher. Also suchte Herrchen im Internet und fand das Havi-Hunde-Forum.
Also meine beiden Dosis meldeten sich an und haben dort richtig viel Spaß.

Irgendwann ist den Mitgliedern dort die Idee gekommen:
Warum schreiben wir nicht ein Buch über die Havaneser? Und deshalb gibt es heute das Buch, welches Sie gerade in Händen halten. Ein Buch von Herrchen zu Frauchen sozusagen! Ein Buch aus der Praxis für die Praxis. Ein Buch, damit jeder weiß, wie so ein Frederico das Leben doch ein wenig umgestaltet ... Während Sie jetzt auf den nächsten Seiten erstmal etwas über mich und meine Rasselbande erfahren, suche ich mal mein Frauchen. Vielleicht staube ich ein Leckerchen ab.

Also bis gleich, lieber Leser.

2. Zur Rasse

2.1. Die neuere Rassegeschichte des Havanesers

„Diese Rasse stammt aus der westlichen Mittelmeergegend. Offenbar wurden diese Hunde frühzeitig durch italienische Überseekapitäne in Kuba eingeführt. Infolge unglücklicher Umstände sind indessen alle Havaneser-Blutlinien in Kuba ausgestorben; anscheinend konnten jedoch einzelne Hunde aus Kuba herausgeschmuggelt werden. Ihre Nachkommen überlebten in den USA."

Diese Beschreibung zu Geschichte und Herkunft des Havanesers ist auf zahlreichen Internetseiten von Züchtern und Hundeportalen sowie in manchen Büchern zu finden. So ganz stimmt das allerdings nicht. Fakt ist, dass der Havaneser und seine Vorfahren eine viele Jahrhunderte lange Geschichte haben. Der Havaneser gehört zur Familie der Bichons. Seine engsten Verwandten sind Malteser, Bologneser und Bichon Frisé, worunter der Malteser wohl nach wie vor die allgemein bekannteste Rasse der Bichon-Familie ist. Zur Gruppe der Bichons werden auch der Coton de Tulear und das Löwchen gezählt.

Festzustellen ist, dass es trotz aller Forschung über die Ausgangsrassen des Havanesers noch Widersprüche gibt. Einerseits wird vermutet, dass sie bei der Kolonisation von Westindien mit den spanischen Eroberern ins Land kamen und auf den Bichon Frisé zurückgehen. Andere Quellen vermuten, dass Malteser und Bologneser als Vorfahren der Rasse von italienischen Schiffskapitänen nach Kuba gebracht wurden. Auf Kuba selbst entstand, so recherchierte es die kubanische Züchterin Zoila Portuondo Guerra, aus den Nachkommen der Bichons, Blanquito de la Habana genannt, durch die Einkreuzung von Pudeln schließlich die eigentliche Rasse Havaneser.

Auf Kuba machte der Havaneser, der je nach Land auch Bichon Havanais, Bichon Habanero, Bichon Havanese oder Havana Silk Dog genannt wird, jedenfalls Karriere. Er war vor allem im 18. und 19. Jahrhundert bei den wohlhabenden und adeligen Familien auf der Karibikinsel als Schoßhund sehr beliebt und fasste im 20. Jahrhundert schließlich in weniger begüterten Kreisen als Familien- und Gesellschaftshund Fuß, während er bei den reichen Kubanern nicht mehr so hoch im Kurs stand. Bis weit in die zweite Hälfte des 20. Jahrhunderts waren Havaneser außerhalb von Kuba hingegen so gut wie nicht bekannt.

Auf Kuba selbst erlebte die Rasse nach der Revolution von Fidel Castro im Jahr 1959 einen herben Rückschlag, nachdem im Zuge sich ändernder (Hunde-)Moden das Interesse an Havanesern bereits rückläufig war. Als Symbol des Kapitalismus waren Havaneser den neuen Machthabern ein Dorn im Auge. Viele Kubaner flohen nach der Revolution nach Florida und ließen ihre Hunde, darunter auch viele Havaneser, zurück. Die Tiere wurden, sich selbst überlassen, vielfach zu Straßenhunden. Unter dem Castro-Regime (Fidel Castro selbst soll dem Vernehmen nach ein richtiger Hunde-Hasser sein) gab es keine Verbände und Vereine, die sich um den Erhalt der Reinrassigkeit der Havaneser kümmerten.

Die Havaneser, die dort über 200 Jahre als Rasse gelebt hatten, vermischten sich mehr und mehr mit anderen Hunden. Das führte dazu, dass der Havaneser auf Kuba selbst fast ausstarb. Nur wenige reinrassige Tiere blieben erhalten. Seit einiger Zeit wird in Kuba der Bestand der Rasse von engagierten Züchtern wieder aufgebaut. Seit 1991 sorgt der Cuban Club of the Bichon Havanese (CCBH) dafür, dass der Havaneser, der als kubanischer Nationalhund gilt und 1992 sogar auf einer Briefmarke verewigt wurde, auch in seinem Stammland wieder zu neuer Blüte geführt wird.

Wie aber kam der Havaneser aus seiner Heimat Kuba in den Rest der Welt? Als Wiederbegründer bzw. Restaurator der Havaneser-Rasse in der westlichen Welt gilt Dorothy Goodale aus Colorado (USA). Sie wurde in den 70er-Jahren des 20. Jahrhunderts auf die Rasse aufmerksam und war von den „Seidenhündchen" fasziniert.

Sie suchte intensiv nach Havanesern, die aus Kuba in die USA gekommen waren. Im Jahre 1974 kauften Dorothy Goodle und ihr Mann Bert in Arizona sechs Havaneser von den aus Kuba stammenden Familien Perez/Fantasio - eine Hündin namens Rags Girl, deren vier weibliche Welpen (Havana´s Show Girl, Havanna´s Inky Doll, Havana´s Dark Lady, Havana´s Buttons´n Bows) sowie einen Rüden. Alle sechs Hunde hatten einen Stammbaum. Von diesen Hunden stammt der sogenannte „Arizona-Typ" ab. 1975 gelang es dem Ehepaar Goodale mit Hilfe von Zeitungsanzeigen dann, von einem Exil-Kubaner, der zunächst in Costa Rica und dann in Texas lebte, fünf erwachsene Havaneser (vier Hündinnen namens Nieve, Querido, Sorpresa, Dulce und den Rüden Jefe Pequeno) aus anderen Blutlinien zu kaufen. Diese fünf Havaneser werden als „Costa-Rica-Typ" bezeichnet. Wer ein wenig Ahnenforschung betreibt, zum Beispiel in der umfangreichen Datenbank www.havanesegallery.hu, findet vielleicht den einen oder anderen der genannten Hunde unter den Vorfahren seines Havanesers.

Mit diesen elf Havanesern bzw. jenen acht darunter, von denen Nachwuchs dokumentiert ist, begann Dorothy Goodale ihre Zucht unter dem Zwingernamen „Havana". 1979 gründeten Dorothy und Bert Goodale den „Havanese Club of America". So gut wie alle Havaneser in der Welt von heute (mit Ausnahme von Kuba und dem Ostblock) stammen ursprünglich von diesen wenigen Hunden ab. Vor diesem Hintergrund ist es verständlich, dass der Genpool der Rasse eng begrenzt ist. Angesichts dieses extrem kleinen Genpools ist es bedauerlich, dass europäischen Züchtern der Zugang zu neuen Havanesern aus Kuba durch die Importvorschriften der EU für Drittländer extrem erschwert bzw. unmöglich gemacht worden ist.

Nach Europa kamen die ersten Havaneser im Jahr 1981. Monika Moser importierte sie aus den USA und startete in Bayern ihre Zucht. Sie züchtet seitdem unter dem Namen Pillowtalks. Da Frau Moser somit die Begründerin der deutschen und europäischen Havaneser-Zucht ist, ist es kaum verwunderlich, dass in fast jeder Havaneser-Ahnentafel Vertreter der Pillowtalks zu finden sind. Inzwischen wohnt Monika Moser in Mecklenburg-Vorpommern. Ihre Zucht besteht nach wie vor. Wie extrem selten Havaneser noch vor 25 Jahren waren, zeigt die Tatsache, dass es 1984 in ganz Europa lediglich 20 Tiere gab. Zu den Züchtern, die bereits in den 80er-Jahren auf den Havaneser gekommen sind, gehörten neben Monika Moser in Deutschland unter anderem Birgit Ferchland, Elke Grodtke, und unter anderem in den 90er Jahren Erika Fassot und Sandra Block. Seit den Anfängen der Havaneser-Zucht in Deutschland und Europa hat sich viel getan. War die Rasse über Jahre hinweg ein extremer Geheimtipp und der breiten Öffentlichkeit so gut wie unbekannt, hat sich dies in den vergangenen Jahren geändert. Inzwischen hat der Havaneser aufgrund seiner liebenswerten Art und seiner Farbenvielfalt zahlreiche Fans gefunden. Die Zahl der Züchter, die anfangs in Deutschland sehr gering war, ist deutlich gestiegen. Allein im Verband Deutscher Kleinhundezüchter (VK) sind im Jahr 2009 52 Havaneser-Züchter verzeichnet; in den zahlreichen anderen Verbänden dürften es wohl ebenso viele sein. Die zunehmende Beliebtheit dieser liebenswerten Rasse wird auch durch die Welpenstatistik des VK belegt. Wurden 1998 in Deutschland von VK-Züchtern 289 Welpen registriert, waren es im Jahr 2007 bereits 490. Damit ist der Havaneser inzwischen mit deutlichem Abstand die beliebteste Rasse der Bichon-Familie – vor Malteser (Wurfzahlen rückläufig) und Bichon Frisé (Wurfzahlen zunehmend). Nur sehr wenig verbreitet in Deutschland sind Löwchen und Bologneser.

Schwieriger wird es, in Österreich und der Schweiz einen seriösen Havaneser-Züchter zu finden. In diesen beiden Ländern wird der Havaneser nicht von den beiden großen nationalen Clubs (Österreichischer Zwerghunde Klub bzw. Schweizerischer Zwerghunde-Club) betreut – im Gegensatz zu den anderen Rassen der Bichon-Familie. Gleichwohl gibt es in beiden Ländern einige Züchter der liebenswerten Rasse.
Eine Sonderrolle in der jüngeren Geschichte spielen die angeblichen acht „Russland-Havaneser", die Anfang der 80er-Jahre aus dem kommunistischen Kuba in die Sowjetunion gelangt und schließlich nach Ungarn gekommen sein sollen. Was es mit diesen Tieren aber genau auf sich hat, ist nicht eindeutig zu klären. Mag sein, dass sich hier eine moderne Legende gebildet hat. Die extrem geringe Ausgangspopulation der Rasse in der westlichen Welt, die noch junge neuere Rassegeschichte seit der „Restauration" des Havanesers Mitte der 70er-Jahre und die Sonderentwicklung in Kuba sind Gründe dafür, dass das Erscheinungsbild der Rasse noch nicht so stark gefestigt ist wie bei traditionellen Rassen. Das ist sicherlich auch ein Grund dafür, dass der Rassestandard in der Vergangenheit mehrfach überarbeitet und modifiziert worden ist, was Erscheinungsbild, Größe und zulässige Fellfarben betrifft.

Bemerkenswert ist die Tatsache, dass der Havaneser, obwohl Kuba als sein Geburtsland gilt, nicht von Kuba selbst betreut wird. Generell ist es üblich, dass eine Rasse von dem Land betreut wird, aus dem sie stammt (zum Beispiel der Deutsche Schäferhund von Deutschland oder der Malteser und Bologneser von Italien). Der Havaneser jedoch steht direkt unter dem Patronat des internationalen Dachverbandes FCI (Fédération Cynologique Internationale), die auch für den Rassestandard verantwortlich ist.

Huhu! Ich bin wieder hier. Ich hätte zwar von Frauchen ein Leckerchen haben können, aber da hatte ich irgendwie nicht so die Lust drauf. Und dann hat Frauchen wieder gesagt: Mensch, Frederico, du bist aber auch komisch mit dem Fressen.

Das sagt sie übrigens öfter zu mir. Und das kann ich so gar nicht verstehen. Aber auch dazu komme ich noch später hier im Buch. Zurück zu mir erstmal. Jetzt wissen Sie, wo ich eigentlich herkomme und wieso ich ein Havaneser bin. Sie wissen also jetzt alles über die neue Rassegeschichte. Und jetzt gibt es gleich noch was über mich zu berichten.

Gehen wir also gemeinsam zum nächsten Kapitel über, dem Rassestandard. Er beschreibt sozusagen das Idealbild von mir und meinen Kumpels.

Obwohl, Sie können ja auch alleine lesen. Ich gehe in der Zwischenzeit ein wenig in mein Körbchen und genieße die Ruhe.

Wecken Sie mich einfach wenn Sie fertig gelesen haben!

2.2. Der Rassestandard

Havaneser

(Bichon havanais)

FCI - Standard Nr. 250/12. 01. 2009/D

Übersetzung: Dr. J.-M. Paschoud und Frau R. Binder. Überprüft durch Herrn Müller.

Ursprung Westliches Mittelmeerbecken; Entwicklung: Kuba.

Patronat: F.C.I.

Datum der Publikation des gültigen Original-Standardes: 04. 11. 2008

Verwendung: Gesellschafts- und Begleithund.

Klassifikation FCI: Gruppe 9/Gesellschafts- und Begleithunde.
Sektion 1/Bichons und verwandte Rassen.
Ohne Arbeitsprüfung.

Kurzer geschichtlicher Abriss: Diese Rasse stammt aus der westlichen Mittelmeergegend und hat sich entlang der spanischen und italienischen Meeresküste entwickelt. Offenbar wurden diese Hunde frühzeitig durch italienische Überseekapitäne in Kuba eingeführt. Irrtümlicherweise hat die am häufigsten vorkommende Havanna-Farbe (tabakfarben) dieser Hunde dazu verleitet, Havanna, die Hauptstadt von Kuba, als Ursprungsort anzunehmen. Infolge unglücklicher Umstände sind indessen alle alten Havaneser-Blutlinien in Kuba ausgestorben; anscheinend konnten jedoch einzelne Hunde aus Kuba herausgeschmuggelt werden; ihre Nachkommen überleben in den USA.

Allgemeines Erscheinungsbild: Der Havaneser ist ein kleiner, kräftiger, niederläufiger Hund; sein Haar ist lang, üppig, weich und vorzugsweise gewellt. Sein Gangwerk ist lebhaft und elastisch.

Wichtige Proportionen: Die Länge des Fangs von der Nasenspitze zum Stop entspricht der Länge des Schädels vom Stop zum Hinterhauptstachel. Das Verhältnis zwischen der Körperlänge (gemessen zwischen Buggelenk und Sitzbeinhöcker) und der Widerristhöhe beträgt 4:3.

Verhalten/Charakter (Wesen): Speziell aufgeweckt und leicht zum Alarm gebenden Hund zu erziehen; liebevoll und fröhlich, anziehend, bezaubernd, spielerisch, sogar etwas närrisch.
Er liebt Kinder und spielt unentwegt mit ihnen.

Kopf: Mittelgroß; das Verhältnis der Länge des Kopfes zur Länge des Rumpfes (vom Widerrist bis zum Rutenansatz gemessen) beträgt 3:7.

Oberkopf:
Schädel: Flach bis sehr wenig gewölbt, breit; Stirn wenig ansteigend; von oben gesehen ist der Schädel hinten abgerundet, an allen anderen Seiten fast gerade und viereckig.
Stopp: Mäßig ausgeprägt.

Gesichtsschädel:
Nasenschwamm: Schwarz oder braun.
Fang: Er verjüngt sich leicht und progressiv gegen den Nasenschwamm zu; nie spitz oder stumpf.
Lefzen: Dünn, trocken, gut anliegend.
Kiefer/Zähne: Scherengebiss. Ein vollständiges Gebiss ist erwünscht; das Fehlen der PM 1 (Prämolaren 1) und der M 3 (Molaren 3) wird geduldet.
Backen: Sehr flach, nicht vorstehend.
Augen: Ziemlich groß, mandelförmig, so dunkelbraun wie möglich. Ausdruck freundlich. Die Umrandung des Auges soll dunkelbraun bis schwarz sein.
Ohren: Relativ hoch angesetzt; sie fallen längs der Backen und bilden eine unauffällige Falte, die sie leicht anhebt; sie laufen wenig spitz aus; sie sind von langen Fransen besetzt. Weder windmühlenartig abstehend noch dicht an den Backen anliegend.

Hals: Von mittlerer Länge.

Körper: Die Länge des Körpers übertrifft um weniges die Widerristhöhe.
Oberlinie: Gerade, über den Lenden leicht gewölbt.
Kruppe: Gut abfallend.
Rippen: Gut gewölbt.
Untere Profillinie und Bauch: Gut aufgezogen.

Rute: Hoch getragen, entweder in Form eines Krummstabs oder, vorzugsweise, über dem Rücken gerollt; die Befederung ist lang und seidig.

Gliedmaßen:
Vorderhand: Vorderläufe gerade und parallel, trocken; gute Knochenstruktur. Der Abstand vom Boden bis zum Ellenbogen soll denjenigen zwischen Ellenbogen und Widerrist nicht übertreffen.
Hinterhand: Gute Knochenstruktur; mäßige Winkelung.
Pfoten: Leicht länglich in ihrer Form, klein; Zehen eng aneinander liegend.
Gangwerk: Der Bewegungsablauf beim Havaneser ist seinem fröhlichen Wesen entsprechend auffällig leichtfüßig und elastisch. Die gerade nach vorne gerichteten Vorderläufe bewegen sich frei, während die Hinterläufe in gerader Linie für den nötigen Schub sorgen.

Haarkleid:
Haar: Das wollene Unterhaar ist schwach entwickelt, oft ganz fehlend. Das Deckhaar ist sehr lang (12-18 cm bei einem erwachsenen Hund), weich, glatt oder gewellt und kann lockige Strähnen bilden. Jedwede Zurechtmachung, jedes Ausgleichen der Länge der Haare mit der Schere und jede Art von Trimmen sind verboten.
Ausnahme: Die Säuberung der Haare an den Pfoten ist zulässig; die Haare auf der Stirne dürfen leicht gekürzt werden, damit sie die Augen nicht bedecken; auch die Haare am Fang dürfen

leicht gekürzt werden, aber vorzugsweise belässt man sie in ihrer natürlichen Länge.
Farbe: Selten vollständig reinweiß, falbfarben in verschiedenen Tönungen (leicht schwarz gewolkt ist zulässig), schwarz, havanna-braun, tabakfarben, rötlichbraun, Flecken in den erwähnten Farben sind zulässig. Brand-Markierungen sind in allen Schattierungen erlaubt.

Größe:
Widerristhöhe: von 23 bis 27 cm.
Toleranz: von 21 bis 29 cm.

Fehler: Jede Abweichung von den vorgenannten Punkten muss als Fehler angesehen werden, dessen Bewertung in genauem Verhältnis zum Grad der Abweichung stehen sollte.

Schwere Fehler:

- Allgemeines Erscheinungsbild atypisch.
- Fang spitz oder stumpf, nicht gleich lang wie der Schädel.
- Raubvogelaugen; Augen zu tief eingesetzt oder vorstehend; Umrandung der Augen teilweise depigmentiert.
- Körper zu lang oder zu kurz.
- Rute gerade, Rute nicht hoch getragen.
- Vorderläufe in „französischem Stand" (Vorderfußwurzel eng stehend, Pfoten nach außen gedreht).
- Missgebildete Hinterpfoten.
- Haar hart, zu wenig üppig; kurzes Haar außer bei den Welpen; zurechtgemachtes Haar.

Ausschließliche Fehler:

- Aggressiv oder ängstlich
- Nasenschwamm depigmentiert
- Entropium, Ectropium; Umrandung eines oder beider Augen depigmentiert
- Über- oder Untergröße.

Hunde, die deutlich physische Abnormalitäten oder Verhaltensstörungen aufweisen, müssen disqualifiziert werden.
N.B.: Rüden müssen zwei offensichtlich normal entwickelte Hoden aufweisen, die sich vollständig im Hodensack befinden.

2.3. Vielfalt der Farben

Ja bitte? Ach Sie... genau, Sie sollten mich ja wecken! Entschuldigen Sie bitte kurz, ich recke mich mal eben und werde dann noch kurz mein Fell aufschütteln. So! Jetzt bin ich wieder ganz für Sie da.

Haben Sie es geschafft? Der Lesestoff war ja schon ein wenig trocken. Aber das ist nun mal mein Standard. Und den wollen Sie sicherlich auch kennen lernen. Ich verspreche Ihnen auch, es bleibt nicht immer so rein wissenschaftlich! Ich habe Ihnen jetzt mal ein paar Bilder mitgebracht. Schauen Sie mal, wie wir aussehen können!

Das ist Michel, er zählt zu den roten Havanesern

Und hier zeige ich ihnen einen Havaneser in Schwarz

Das Ganze gibt es übrigens auch in strahlendem Weiß

Dann gibt es auch noch: Chocolate. Bitte beachten Sie auch die braune Nase.
Das ist etwas ungewöhnlich

Also das sind nun die Einfarbigen meiner Kollegen. Und wer es schön bunt mag, findet hier Tricolor. Dies ist Nona als Welpe, auch tricolor

Oder hätten Sie lieber schwarz mit weiß gemischt?

Und Choco gibt es auch als Mix mit Weiß

Uns gibt es auch in der Farbe Falb

Und in der Farbe Zobel

So und wer immer noch nicht genug hat,
der guckt sich Silber und Grau an

Aber wir haben auch noch etwas anderes!
Wunderschöne Gesichter!

Na, sind das Portraits?

Und natürlich noch
meine Herrlichkeit!
Nicht zu vergessen!

So liebe Leser,
nachdem Sie jetzt gesehen haben, wie wir alle aussehen können, geht es nun ins nächste Kapitel. Ich erkläre Ihnen jetzt mal, wie ein Havaneser auszusehen hat. Die Haarstruktur, das Aussehen, das Farbvorkommen und vieles mehr. Lesen Sie das mal in Ruhe, ich bettele Frauchen jetzt so lange an, bis ich mein Lieblingsleckerchen doch noch bekomme.
Verstehe ich gar nicht, Frauchen weiß doch, auf was ich warte... (wedel)

2.4. Zum Phänotyp

Der Phänotyp, also das Erscheinungsbild eines Hundes, ist die Summe all seiner Merkmale. Das heißt, der Phänotyp schließt alle inneren und äußeren Strukturen und Funktionen ein. Im Laufe der Entwicklung eines Hundes kann sich sein Phänotyp ändern. Die äußeren Merkmale eines Organismus sind zwar durch seine genetischen Informationen festgelegt (Genotyp), aber der Phänotyp ist abhängig davon, welche Gene letztendlich ausgeprägt werden.

Gerade der Havaneser ist eine Rasse, bei der man selten zwei sich gleichende Hunde sieht, dennoch gibt es unter verwandten Hunden gewisse Ähnlichkeiten. So sieht man als Züchter schon oft, dass der Welpe X ein Nachkomme des Rüden Y ist und auch starke Gleichheit im Wesen verwandter Hunde ist oft festzustellen. Aber gerade bei vielen Havanesern aus unterschiedlichen, fremden Linien wird man selten eine Ähnlichkeit feststellen.
Oft berichten die Besitzer eines Havanesers, dass sie auf der Straße von interessierten Leuten angesprochen werden, was sie da für einen netten Mischling haben.

Auf der einen Seite ist der Havaneser natürlich eine Rasse, die nicht so bekannt ist. Aber auf der anderen Seite zeigt das, dass die Hunde durch verschiedene Farben, Haarstrukturen, Körperbau und Kopfform von Laien oft nicht einer Rasse zugeordnet werden können.

Der Rassestandard des Havanesers beschreibt neben allen Äußerlichkeiten auch den typischen Charakter und das Gebiss. Die Äußerlichkeiten sind sehr vielfältig. Einige sollen hier näher erläutert werden.

Der Havaneser

Ein süßer Mischling

Das Haar des Havanesers

Erlaubt sind vielfältige Farben und Schattierungen. Da kann man einen schwarzen Havaneser neben einem weißen oder einem weiß-braun gescheckten Havaneser antreffen. Es wird bei der Geburt eines Havaneserwurfes immer eine Überraschung bleiben, welche Farben die Neugeborenen haben. So kann auch aus zwei weißen Havanesern ein schwarzer Welpe geboren werden, da die Farbe irgendwo in den Ahnen schon mal vorhanden war.

Havaneserwürfe sind immer eine Farbüberraschung!

Das Haarkleid des Havanesers soll von seidiger Struktur sein, mit mehr oder weniger starker Unterwolle. Ein Havaneser mit starker Unterwolle ist schwierig zu pflegen und das Haar verfilzt leichter. Das Haar soll glatt bis leicht gewellt sein. Oft sieht man Havaneser mit richtigen Locken. Dies ist allerdings nicht erwünscht.

Auch die Haarlänge variiert bei den Havanesern sehr stark. Eine Ideallänge von 12 bis 18 cm ist vorgeschrieben. Es gibt Havaneser, die haben überbodenlanges Haar, ähnlich dem Haar des Maltesers. Das sind aber sicher nur vereinzelte Ausnahmen.

Die Kopfform

Der Havaneser soll einen flachen breiten Schädel haben. Die Fanglänge soll in etwa der Länge des Schädels gleichen, aber keinesfalls länger sein. Das Verhältnis der Kopflänge zur Rumpflänge beträgt 3:7. Hat nun ein Havaneser ein rundes schmales Köpfchen mit einem sehr kurzen Fang, so entspricht dieser Phänotyp nicht mehr dem Standard eines Havanesers. Genauso ist es, wenn umgekehrt ein Havaneser einen kleinen Körper hat und der Kopf riesig ist und auch noch einen überlangen Fang hat.

Die Gliedmaßen

Die Vorderläufe beim Havaneser sollten möglichst gerade und parallel sein. Die Hinterhand soll mäßig gewinkelt sein, die Pfoten leicht länglich in der Form. In der Zucht ist sehr darauf zu achten, dass die Vorderläufe der Havaneser gerade sind. Das ist ein sehr wichtiges Kriterium, welches aber nicht immer leicht umzusetzen ist.
Die Länge der Läufe spielt dabei eine entscheidende Rolle. Oftmals haben die Havaneser mit sehr kurzen Beinen auch stärker gebogene Vorderläufe. Havaneser mit langen Beinen haben dementsprechend die geraderen Vorderläufe. Stellt man sich nun wieder einen kurzbeinigen und einen langbeinigen Havaneser vor, dann werden die phänotypischen Unterschiede sehr deutlich.

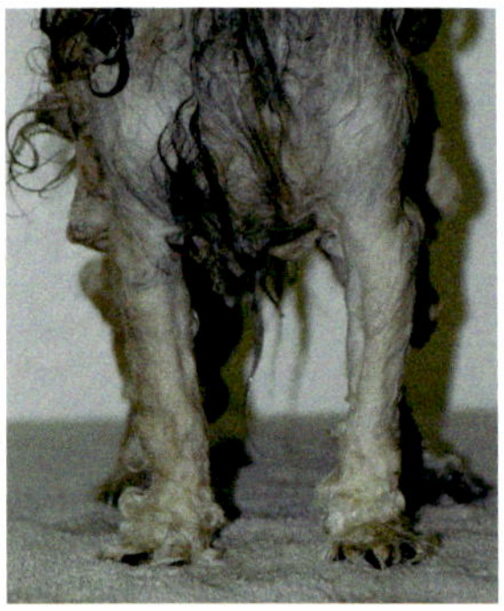

Havaneser mit gerader Front

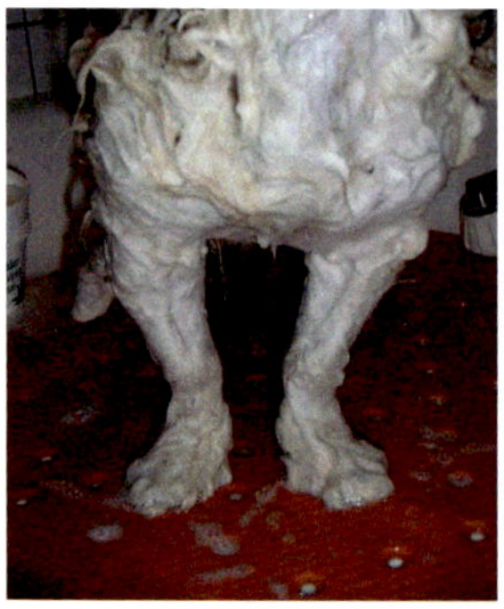

Havaneser mit stark gebogener Front

Das Wesen des Havanesers

Entscheidendes Rassemerkmal ist das Wesen der Havaneser.
Sie sind im Allgemeinen sehr anhänglich, sehr gelehrig, anpassungsfähig, kläffen nicht bei jedem Geräusch und spielen gern. Kurz und gut, der Havaneser hat eigentlich ein tolles Wesen.
Und dieses ist ein sehr entscheidendes Rassemerkmal und macht unsere Havis auf eine besondere Art und Weise einmalig.
Natürlich gibt es auch hier wieder Unterschiede. Nicht jeder Havaneser entspricht voll und ganz dem gewünschten Rassebild. Es gibt auch Havaneser, die kläffen beim kleinsten Geräusch oder wenn sie alleine bleiben sollen oder eingesperrt sind. Sicher wollen sie dann nur ihrem Tatendrang nachgehen oder sind total neugierig und wollen einfach nur aktiv sein.
Andere Havis wiederum liegen lieber ruhig in ihrem Eckchen und heben nur mal den Kopf, wenn es an der Tür klingelt. Wieder andere Havaneser lieben es, Bällchen zu spielen und Stöckchen zu fangen. Andere finden das absolut nicht toll und interessieren sich mehr für Nachbars Katze.
So wird auch im Wesen nicht ein Havi dem anderen gleichen.

Die Phänotypbeurteilung

Sie wird bei Rassezuchtvereinen verlangt, bei denen bestimmte Hunde für die Zucht übernommen werden sollen. Es können Hunde sein, die keine Papiere oder die Papiere eines anderen Vereines haben, wobei hier im speziellen Falle im VK kein Havaneser eines anderen Vereines aufgenommen werden.

Durch die Phänotypbeurteilung soll also die Rassereinheit eines Hundes bestimmt werden. Anhand des Rassestandards wird dort meist von zwei Zuchtrichtern festgestellt, ob die wesentlichen Merkmale der betreffenden Rasse vorhanden sind. Es geht also in erster Linie darum, ob Haarkleid, Kopfform, Gebäude, Gangwerk, Proportionen – kurzum der ganze Phänotyp mit dem Rassebild übereinstimmt.

Hier noch ein paar Beispiele für die Farbveränderung eines Havanesers. Es heißt also nicht, wenn Sie einen dunklen Hund bekommen, dass er später auch noch so aussieht wie er mal war! Havaneser sind sogenannte „Wundertüten".

Hier als Welpe und als erwachsener Hund

2.5. Das Phänomen Kurzhaar-Havaneser

Mitte der 80er-Jahre sind in Deutschland die ersten kurzhaarigen Havaneserwelpen geboren worden. Weitere Kurzhaar-Havaneser sind dann ab 1995 in mehreren Würfen zur Welt gekommen. Bis dahin hatte man aus dem Ausland noch keine Berichte über Welpen mit dieser speziellen Behaarung gehört. Die Zuchtleitung des Verbandes Deutscher Kleinhundezüchter veröffentlichte einen Bericht über die in Deutschland geborenen kurzhaarigen Havaneser. Danach kamen dann auch Meldungen aus dem Ausland, dass solche Welpen in einigen Würfen gefallen waren. Die Kurzhaarhavaneser sind nichts Spezielles oder Besonderes und auch keine Variante. Es ist ein Phänomen, das in einigen Linien vereinzelt vorkommt und absolut nicht erwünscht ist. Dennoch soll das Thema hier kurz angeschnitten werden, um zu erklären, dass die Kurzhaarhavaneser im Phänotyp dem Rassebild des Havanesers in keinster Weise entsprechen. Beide Elterntiere müssen das Gen für Kurzhaarigkeit tragen, damit Kurzhaarwelpen in einem Wurf fallen können. Trägt nur ein Elternteil das Gen, kann es zwar an die Nachkommen weitergegeben werden, aber es werden in diesem Wurf keine Kurzhaarwelpen fallen.

Erfahrene Züchter können diese Welpen ca. im Alter von 3-6 Wochen im Wurf erkennen.
Das Haar ist an den Läufen auffallend kurz und auch die Gesichtsbehaarung ist merklich kürzer als gewöhnlich. Der Fang wirkt dadurch sehr spitz. Die Behaarung an den Fußballen und zwischen den Zehen ist sehr kurz.

Kurzhaarwelpen (Abb.1-3) und erwachsene Kurzhaar-Hündin mit gekürztem Körperhaar (Abb.4)

Schon ab der sechsten Woche sieht man ganz deutlich die gravierenden Unterschiede im Phänotyp der Welpen. Als Züchter ist es besonders wichtig, sich mit den Ahnen der Hunde und den Linien auseinanderzusetzen, um kurzhaarige Welpen in den Würfen auszuschließen. Man sollte auf keinen Fall zwei Havaneser, die Kurzhaarträger in den Linien haben, miteinander verpaaren. Das gelingt sicher nicht immer, aber es sind in den letzten Jahren immer weniger bis gar keine Kurzhaarwelpen gefallen. Dies setzt die Erfahrung der Züchter und Kenntnis über die Linien voraus. Besonders wichtig ist die Ehrlichkeit der Züchter, diese Welpen dem Zuchtverband anzuzeigen. Hunde, die Kurzhaarträger sind, werden z.B. beim VK in den Ahnentafeln gekennzeichnet und in einer Liste veröffentlicht, damit die Züchter diese Hunde erkennen. Wissen muss man allerdings, dass Kurzhaar-Havaneser zwar äußerlich nicht dem gewünschten Rassestandard entsprechen, aber ansonsten völlig normale und vor allem ebenso gesunde Vertreter ihrer Art sind.

Ich hab's bekommen!!!! Juchhuuuu! Ich habe mein Lieblingsleckerchen bekommen. Ich musste dafür zwar ein wenig arbeiten, die Pfote geben und bellen auf Kommando, aber das macht ja nichts. Das kann ich ja. So, liebe Leser, ich glaube, jetzt kennen Sie genug von meiner Rasselbande. Jetzt möchte ich Ihnen ein wenig über den Havaneser an sich erzählen. Schauen Sie sich den nächsten Artikel an. Da wird beschrieben, wie unsereiner so vom Charakter ist.

2.6. Der Charakter des Havanesers

Die Charaktereigenschaften des Havanesers sind so vielfältig wie seine Farbvarianten. In erster Linie war der Havaneser sogar ein Hütehund und das steckt ihm auch immer noch im Blut. Bedenken Sie das bitte wenn Sie zufällig mal einer Schafherde begegnen. Grundsätzlich ist jeder kleine Hund eine Persönlichkeit und in seiner Art einzigartig. Trotzdem soll hier versucht werden, die Unterschiedlichkeit und doch große Ähnlichkeit der Charaktere zu beschreiben.

Der „Begleithund"

Der Havaneser ist ein Begleithund im wahrsten Sinn des Wortes. Nicht nur, dass er formal der FCI-Gruppe der Gesellschafts- und Begleithunde angehört, der Havaneser meint diese Aufgabe auch wirklich ernst. Er begleitet seine Menscheneltern überall hin. Eigentlich ist diese Anhänglichkeit rührend, aber es gibt auch Menschen, die lieber alleine schlafen bzw. im Bad und auf dem WC ihre Ruhe haben möchten. Durch konsequente Erziehung kann sich der Mensch vielleicht einige Freiräume schaffen, wo er mal ungestört und ohne Hund sein kann, aber man sollte dem Charakter dieses Hundes schon ein wenig nachgeben und ihn, wo immer möglich, dabei sein lassen. Glücklicherweise sind Havaneser klein, sodass sie fast überall gerne gesehen sind. Wenn man einen Havaneserwelpen gut sozialisiert, ihm alles zeigt, was er in seinem Hundeleben braucht und ihn von Anfang an überall mit hinnimmt, gibt es später kaum Probleme beim gemeinsamen Ausgehen. Wenn man sich diese herausragende Eigenschaft des Havanesers anschaut, ist es klar, dass der Havaneser nicht gerne allein bleibt. Natürlich bleibt kein Hund gerne allein, aber dem Havaneser fällt das Alleinsein besonders schwer. Für ganztags berufstätige Menschen ohne Hundesitter ist diese Rasse leider nicht geeignet. Trotzdem muss auch ein Havaneser lernen, mal alleine zu bleiben, dazu kommen wir aber später.

Ein schattiges Plätzchen!
Frauchen denkt doch einfach an alles!

Der Freundliche

Havaneser sind in der Regel sehr aufgeschlossene und freundliche Hunde. Da der Havaneser sehr menschenbezogen ist, freut er sich über alle Menschen, insbesondere über Kinder, da Kinder immer die tollsten Ideen haben und mit Kindern immer etwas los ist.
Kinder und Havaneser passen gut zusammen, da Havaneser sehr verspielt sind und gerne übermütig toben und herumalbern. Allerdings müssen Kinder auch lernen, rücksichtsvoll mit dieser Kleinhundrasse umzugehen und es nicht zu wild mit ihnen zu treiben. Die Ruhephasen des Hundes müssen natürlich respektiert werden.
Durch seine Freundlichkeit ist der Havaneser nur im beschränkten Maße ein guter Wachhund, aber das erwartet wohl auch niemand von ihm. Die meisten Havaneser melden Besuch vor der Tür lautstark an. Ist die Tür dann geöffnet, freuen sie sich über jeden Fremden, als ob er schon immer dazu gehörte. Etwas zurückhaltendere Havaneser melden den Besuch, ziehen sich dann aber lieber sicherheitshalber erst einmal zurück, um die Situation zunächst zu beobachten.
Havaneser sind keine Kläffer. Das steht zumindest in vielen Charakterisierungen. Hierzu ist zu sagen, dass der Havaneser auch nur ein Hund ist und somit auch bellt, wenn er etwas entdeckt hat, sein Revier „verteidigen" will oder einfach nur Besuch im Anmarsch ist. Der eine Havaneser bellt mehr, der andere fast gar nicht – je nach Charakter und Erziehung.

Der Gesellschaftsfähige

Havaneser sind, wie schon beschrieben, nicht gerne allein. Was bietet sich da eher an, als irgendwann noch einen zweiten Hund dazu zu holen. Ein Havaneser liebt es, Hundegesellschaft in seinem Rudel zu haben. So kann er seine Verspieltheit erst richtig ausleben. In der Regel kommt der Havaneser mit anderen Hunden gut zurecht, wobei die meisten Havaneser kleinere Hundefreunde aber bevorzugen. Bei größeren Hunden reagieren manche Havaneser ängstlich (wenn sie nicht zum eigenen Rudel gehören). Die Angst des Hundes äußert sich hierbei oftmals in Bellen und Knurren, aber auch schon mal durch Angstbeißen. Der Besuch einer guten Hundeschule ist für Havaneser genauso wichtig wie für größere Hunderassen auch. Hier lernen sie vieles im Umgang mit ihren Artgenossen, was ein Mensch ihnen nun einmal nicht beizubringen vermag.

Der Gemütliche

Bitte nicht falsch verstehen – natürlich ist der Havaneser keine ganz bequeme Trantüte! Havaneser sind durchaus lebhaft und temperamentvoll. Nur nicht in dem Maße, wie man es von anderen Kleinhunderassen kennt. Eigentlich benimmt sich der Havaneser wie ein „Großer“: Er kann wild sein und ausgelassen herumtollen, kann aber auch ruhig und ganz entspannt in der Ecke liegen, sodass man ihn kaum bemerkt. Havaneser sind sehr anpassungsfähig. Sie können sich gut in das jeweilige Familienleben integrieren. Als Gegenleistung fordern sie natürlich auch die Aufmerksamkeit ihrer Menschenfamilie. Havaneser wollen auch beschäftigt werden. Sie lieben es Aufgaben zu lösen, Spiele zu spielen und Spaziergänge zu unternehmen. Wird man diesen Anforderungen gerecht, dankt der Havaneser dies mit seiner Anhänglichkeit und Ausgeglichenheit. Havaneser haben keinen ausgesprochenen Jagdtrieb. Das Einzige, was die meisten Havaneser jagen, sind die Vögel im Garten. Im Wald können die meisten Havaneser unangeleint spazieren gehen. Läuft einem ein Reh über den Weg, läuft der typische Havaneser nur kurz hinterher und geht dann schnell wieder zu seinem Rudel zurück. Wegen seiner großen Anhänglichkeit ist er darauf bedacht, sein Rudel nicht zu verlieren.

Der Pfiffige

Havaneser sind ziemlich schlaue kleine Hunde. Sie lernen sehr schnell, da sie es lieben, mit ihren Menschen zusammen etwas zu erarbeiten. In der Hundeschule sind die meisten Havaneser wahre Musterschüler. Zuhause sieht es schon mal etwas anders aus. Der Havaneser hat oftmals seinen eigenen Kopf. Das Erlernte, das er soeben noch in der Hundeschule mit Bravour vorgeführt hatte, ist wie weggeblasen und der kleine Frechdachs macht, was er will. Ein Havaneser kann einerseits ganz schön stur und auf der anderen Seite auch der perfekte Schauspieler sein. Eine etwas „vertrackte“ Kombination, denn man kann ihm nie so richtig böse sein und das weiß der Havaneser manchmal gnadenlos auszunutzen. Ein Havaneser bekommt meistens durch seinen unwiderstehlichen Charme seinen Willen durchgesetzt. Viele Hundewelpen sollen nach dem erklärten Willen vieler Welpenkäufer zu Anfang nicht auf das Sofa und schon gar nicht ins Bett. Fragt man nach einem halben Jahr noch einmal nach, so liegen die meisten wie kleine Prinzen und Prinzessinnen schön im warmen Bettchen der Menscheneltern. Zum Glück kann man einen Havaneser eigentlich nicht so verwöhnen, dass er ein ganz und gar fürchterlicher Hund wird. Trotzdem sollte man sich ab und an ins Gedächtnis rufen, dass der Havaneser ein ganz normaler Hund ist, der auch wie ein ganz normaler Hund geliebt und behandelt werden sollte.

Der Herzensbrecher

Jeder Havaneser ist ein kleiner Herzensbrecher. Durch seine Art verzaubert er die Menschen, die ihn lieben. Das macht die Erziehung nicht immer ganz leicht. Man kann ihm einfach nicht wirklich böse sein. Schaut er einen aus seinen dunklen Augen an, will man ihn eigentlich nur noch in den Arm nehmen. An vielen Orten, die man mit einem Havaneser besucht, steht der Hund sofort im Mittelpunkt und er genießt das sichtlich. Kein Wunder, dass sich so mancher Havaneser wie ein kleiner Prinz oder eine Prinzessin aufführt. Letztendlich ist natürlich jeder Hund und somit auch jeder Havaneser etwas Besonderes. Es gibt ziemlich dominante Havaneser oder auch kleine Zicken. Es gibt die Mutigen, die Ängstlichen, die Sportlichen, die Übermütigen, die Vorsichtigen und die Langschläfer. So wie bei allen Rassen ist der Charakter des Havanesers zum Teil natürlich auch ein Produkt seiner Sozialisation und Erziehung.

3. Vor dem Welpenkauf

Na? Da sind Sie aber jetzt erstaunt oder? So unterschiedlich wie wir in den Farben sind, so unterschiedlich können wir auch vom Charakter her sein. Pssst – aber wir sind im Prinzip alle ein wenig von allem. Und jetzt kann ich mir vorstellen, dass Sie ganz viele Fragen haben und vielleicht auch ein wenig Angst. Nicht, dass Sie etwas falsch machen und wir uns bei Ihnen nicht wohl fühlen. Aber nur Mut, so schwierig ist das mit uns gar nicht. Lesen Sie mal im nächsten Kapitel, welche Anforderungen wir überhaupt so an Sie stellen, wie Sie den richtigen Züchter finden, was es mit Papieren auf sich hat und welche Erfahrungen man beim Welpenkauf machen kann.

3.1. Anforderungen an den Halter

Bevor Sie einen Havaneser als Familienmitglied adoptieren, sollten Sie sich sicher sein, dass Sie die dafür nötigen Anforderungen erfüllen können.
Ein Hund ist ein Rudeltier und sollte somit so selten wie irgend möglich alleine sein, denn Sie sind dann sein Rudel. Wenn Sie berufstätig sind, sollte der Hund trotzdem nicht länger als 4 Stunden am Stück alleine sein. Noch besser wäre es natürlich, wenn es jemanden (in Ihrer Familie) gibt, der den Hund betreut oder Sie ihn mit zur Arbeit nehmen können. In den ersten sechs Monaten sollte das Havaneserbaby allenfalls kurze Zeit im Zimmer allein gelassen werden, z.B. wenn Sie in den Keller gehen oder den Müll raus bringen, um mit ihm das Alleinsein zu üben. Auch nachts ist der Havaneser gern in der Nähe seines Rudels. Sie können ihm einen Schlafplatz in Ihrem Schlafzimmer einrichten, doch wundern Sie sich nicht, wenn er trotzdem Ihr Bett erobert und Sie nichts dagegen haben!
Wenn der Hund ein halbes Jahr alt ist, können Sie anfangen mit ihm zu üben, dass er längere Zeit allein zu Hause bleibt. Zuerst ein paar Minuten, dann nach und nach immer länger.

Sie sollten sich im Klaren darüber sein, dass zu den Anschaffungskosten eines ordentlich gezüchteten Havanesers weitere Kosten dazukommen. Nicht nur hochwertiges Futter – näheres hierzu finden Sie im Kapitel „Ernährung – sollten Sie Ihrem vierbeinigen Freund gönnen, auch Tierarztkosten, womöglich über die notwendigen Impfungen und Wurmkuren hinaus, werden auf Sie zukommen. Die Hundesteuer muss gezahlt werden und auch eine Hundehaftpflichtversicherung sollten Sie ins Auge fassen, denn auch ein kleiner Hund kann unter Umständen großen Schaden anrichten. Auch ein Havaneser möchte erzogen werden. Sollte es Ihr erster Hund sein und Sie sind sich nicht ganz sicher, ob Sie bei der Erziehung alles richtig machen, dann kann es durchaus sinnvoll sein, sich für den Besuch einer Hundeschule zu entscheiden. Die richtige Hundeschule für Sie und Ihren Hund zu finden ist allerdings manchmal gar nicht so einfach. Achten Sie darauf, dass es für Ihren kleinen Hund eine geeignete Gruppe gibt, denn nicht jeder Havaneserwelpe fühlt sich in einer Gruppe mit wesentlich größeren Schäferhund- oder Retrieverwelpen wohl. Dazu finden Sie aber später auch noch einen interessanten Artikel hier im Buch. Auch sollten Sie als Halter auf Ihr Bauchgefühl vertrauen und sich nach einer neuen Schule umsehen, wenn Sie sich in der aktuellen nicht wohl fühlen.

Zusätzlich zur Hundeschule gibt es natürlich die Möglichkeit sich Wissen über Hundeerziehung anhand geeigneter Literatur anzueignen. Auch kann es hilfreich sein, sich aus der Vielzahl der auf dem Markt angebotenen Bücher ein oder zwei Exemplare über Verhalten und Bedürfnisse anzuschaffen, ebenso wie zur Ernährung Ihres Vierbeiners.

Neben der Erziehung will ein Havaneser auch beschäftigt werden. Das Bewegungsbedürfnis eines Havanesers kann sehr unterschiedlich sein. Bitte achten Sie auf Ihren Hund, vielleicht ist er ein sportlicher, oder aber eher ein gemütlicher. Beides sollten Sie akzeptieren.
Der Hund möchte aber auch noch neben seinem täglichen Auslauf gefordert werden.
Der Havaneser spielt sehr gern, entweder mit seinem Besitzer oder gern auch mit anderen, gut sozialisierten Hunden. Wie viele andere intelligente Hunderassen ist der Havaneser ebenfalls für Agility oder Dog Dancing gut geeignet. Ihrer Geschichte entsprechend lieben Havaneser es auch, kleine Kunststücke zu lernen, sie vorzuführen und ihre Menschen damit zu erfreuen. Und nebenbei noch das ein oder andere Leckerchen dafür zu erhaschen.

Ein richtiger Wuschel! Und trocken wird er auch wieder!

Der Havaneser ist ein sehr hübscher Langhaarhund und damit dies so bleibt, ist es für seinen Halter unerlässlich, dem Fell die passende Pflege zukommen zu lassen. Bereits der Welpe soll die regelmäßige tägliche Pflege kennenlernen und sie geduldig hinnehmen. Nicht als notwendiges Übel, sondern als Zeit, die der Besitzer gern mit ihm gemeinsam verbringt und ihm seine volle Aufmerksamkeit schenkt. Dadurch gewöhnt der Welpe sich auch sehr schnell an die spätere, oftmals aufreibende Prozedur der Fellpflege.
Mit ungefähr zwei Jahren ist das Fell soweit entwickelt, dass regelmäßiges Bürsten zweimal in der Woche ausreichen dürfte. Näheres hierzu finden Sie im Kapitel „Pflege eines Havanesers“.

Das Fell des Havanesers beinhaltet den bisherigen Erfahrungen nach wenige Allergene. Dennoch sollten Sie – falls in Ihrer Familie Allergien vorkommen – sich vergewissern, dass niemand in Ihrer Familie allergisch auf eben diese Hunderasse reagiert. Die Tests, die die Allergologen durchführen, werden meist mit Haaren anderer Hunderassen durchgeführt. Lassen Sie sich von Ihrem Züchter oder einem Havaneser-Besitzer einige Haare mitgeben, damit der Arzt mit diesen den Test durchführen kann. Somit sind Sie auf der sicheren Seite, dass in Ihrer Familie der Hund für alle willkommen ist.

Nicht nur von der Familie sollte Ihr Havaneser willkommen sein, auch Ihr Vermieter muss die Anschaffung eines Hundes genehmigen. Suchen Sie rechtzeitig das Gespräch mit ihm und klären Sie, ob er das Halten eines kleinen Hundes gestattet. Lassen Sie sich die Genehmigung schriftlich geben.

Sollte irgendwann ein Wohnungswechsel anstehen, dann ist natürlich darauf zu achten, dass auch in der neuen Wohnung die Hundehaltung erlaubt ist und der Hund in Ihrer Familie bleiben darf. Ähnliches sollten Sie bei einem Arbeitsplatzwechsel bedenken, wenn Sie Ihren Hund bisher immer mit zur Arbeit nehmen konnten. Und wenn sich in Ihrer Familie Nachwuchs ankündigt, dann ist Ihr Havaneser über seinen neuen Freund erfreut und wird ihn bald als Spielkamerad mit in seine Streiche einbeziehen. Havaneser lieben Kinder! Und Kinder lieben Havaneser!

Kinder wie Hunde können Dreck und Unordnung ins Haus bringen. Havaneser schleppen bedingt durch ihr langes Fell durchaus Blätter, Moos und kleine Zweige mit ins Haus. Vergessen Sie blank geputzte Böden oder ordentlich aufgeräumte Wohnzimmer. Nutzen Sie die Zeit lieber gemeinsam mit Ihrem Havaneser, als ihm andauernd hinterher zu putzen, oder sind Sie ein Sauberkeitsfanatiker? Dann sollten Sie die Anschaffung eines Havanesers lieber noch einmal überdenken.

Bitte bedenken Sie auch, dass Sie ein Hundeleben lang die Verantwortung für Ihren Havaneser tragen und das können durchaus 10-15 Jahre sein, wenn Sie Glück haben sogar noch länger!

Dies alles mag nun ein wenig abschreckend klingen, seien Sie jedoch versichert: ein ordentlich gehaltener Havaneser bringt Ihnen mehr Freude zurück, als Sie an Zeit und Arbeit investieren müssen!

Und wenn Sie all diese Anforderungen nicht abschrecken, dann werden Sie viel Spaß im Zusammenleben mit Ihrem Havaneser haben.

OHHHHHH Fraucheeeeen!!!! Wir gehen noch mal eine Runde spazieren???
Entschuldigen Sie lieber Leser, das lasse ich mir nicht entgehen. Aber Sie können ja schon mal ohne mich weiter lesen. Schauen Sie mal, warum es wichtig sein kann, einen guten Züchter zu finden.

Ich gehe in der Zwischenzeit mal draußen Zeitung lesen und erschnüffel mal, was es so Neues in der Nachbarschaft gibt...

3.2. Auswahl des Züchters

Sie haben sich entschlossen, einen Havaneser in Ihre Familie aufzunehmen? Dann beginnt jetzt die Suche nach Ihrem Hund, den Sie bitte nur von einem seriösen Züchter erwerben sollten.

Es gibt einige Möglichkeiten Havaneserzüchter zu finden. Sie könnten zum Beispiel eine Hundeausstellung besuchen und sich dort mit den Züchtern unterhalten, um einen ersten Kontakt zu knüpfen. Oder kaufen Sie sich einschlägige Zeitschriften, in denen Züchter ihre Welpen inserieren. Auch die unterschiedlichen Rassehundevereine helfen Ihnen gerne bei der Vermittlung eines Welpen. Auch im Internet finden Sie eine Auswahl an Hundeseiten, über die Sie seriöse Havaneserzüchter finden können.

Wie erkennen Sie den richtigen Züchter?

- Bei einem seriösen Züchter leben die Hunde integriert in das Familienleben mit den Menschen, sie haben viel Kontakt zum Menschen und keine Angst vor diesen.

- Schauen Sie sich das Umfeld an, in dem die Havaneserbabys leben. Die Umgebung muss nicht klinisch sauber, aber sie sollte ordentlich und gepflegt sein, damit die Welpen gesund bleiben.

- Kommen die Welpen neugierig auf Sie zu? Sicher gibt es charakterliche Unterschiede bei Hundekindern. Eine gute Prägung beim Züchter erkennen Sie daran, dass der Welpe sich seinem Züchter zuwendet und dann auch die anderen Menschen gerne begrüßt.

- Fragen Sie den Züchter nach Untersuchungsergebnissen der beim Havaneser vorkommenden Erbkrankheiten Patellaluxation (eine erbliche Lockerung des Kniegelenkes) und vererbbaren Augenerkrankungen. Jeder seriöse Havaneserzüchter hat diese Untersuchungen vornehmen lassen und zeigt die Ergebnisse gern vor. Dem unseriösen Züchter ist das egal oder zu teuer. Lassen Sie sich nicht mit Ausflüchten abspeisen.

- Der gute Züchter ist interessiert an den Lebensumständen in denen sein Hundekind leben wird. Er wird Ihnen sicherlich viele Fragen diesbezüglich stellen, um sicher zu gehen, dass der Welpe in die „allerbesten Hände" kommt, er gibt gerne Auskünfte über seine Hunde und ist auch nach der Abgabe bei Problemen für Sie ein guter Ansprechpartner.

- Ein seriöser Züchter ist einem Zuchtverband angeschlossen. Der Verband stellt die Ahnentafeln für die Hunde aus und setzt Haltungs- und Zuchtrichtlinien fest, an die sich der Züchter halten muss.

- Ein verantwortungsvoller Züchter gibt seine Hundebabys niemals vor der zehnten Lebenswoche ab. Die Welpen dürfen erst mit acht Wochen geimpft werden und brauchen mindestens 10 Tage um eine Immunabwehr zu bilden.

- Ideal ist es für ein Havaneserbaby, wenn es von seinem zukünftigen Besitzer öfters besucht wird. So entsteht gleich eine Bindung zum neuen Halter. Außerdem entsteht so auch eine Vertrauensbasis zwischen Züchter und Halter. Der Züchter sollte auch später ein wertvoller Ansprechpartner für Sie sein.

Kaufen Sie bitte keinen Havaneserwelpen aus schlechter Haltung oder aus Mitleid!
Sie unterstützen damit unseriöse Züchter und Hundehändler!!!

Ein Tip mit dem schon viele Hundekäufer gut gefahren sind: hören Sie einfach auf Ihr Bauchgefühl bei der Wahl des richtigen Züchters!

Bevor Sie sich entscheiden, von wo Sie einen Havaneser bekommen, lesen Sie sich bitte den nächsten Artikel ganz genau durch. So was sollte Ihnen wirklich nie passieren! Es ist wichtig, dass Sie sich genau darüber informieren, wo Ihr Hund herkommt und wer die Eltern sind, damit es nicht so traurig wird, wie hier in dem Beispiel, wobei es dem Hund heute Gott sei Dank richtig gut geht und er ein wunderschönes Zuhause gefunden hat.

3.3. Wie man nicht zu einem Welpen kommen sollte

Unsere Geschichte beginnt 2004, nachdem wir von unserem alten Hund Abschied nehmen mussten. Ich hatte keine Ahnung, dass auch in unserem Land Vermehrer ihr Unwesen treiben, wusste lediglich, dass man keinen Hund im Zoofachhandel kauft, da die meisten aus Zuchtfabriken aus dem Osten stammen. Ich dachte damals wirklich, dass das Wort Züchter auch wirklich bedeutet, dass dort alles mit rechten Dingen zugeht. Ja, ich war damals mehr als naiv, heute wüsste ich es besser. Ich hab zu der Zeit einige Zeitungsannoncen durchgestöbert, ein paar Adressen rausgepickt und fleißig angerufen. Der Preis wurde mir im Durchschnitt mit 400 Euro genannt. Zwei Adressen hab ich gleich wieder verworfen, da mir das telefonische Gespräch schon sehr desinteressiert vorkam.

Endlich bei der dritten Nummer... eine freundliche, sehr entgegenkommende Stimme. Sie fragt mich nach meinem vorigen Hund, spendet mir Trost über den Verlust, fragt mich was ich mir vorstelle, was ich von meinem neuen Familienmitglied erwarte und meint, ich soll einfach mal vorbeikommen und mir die Welpen ansehen.
Am Wochenende darauf stehen wir vor einem großen Haus mit wunderschönem Garten. Die Züchterin begrüßt uns freundlich, wir betreten das Haus und ich bin beeindruckt... alles super toll gepflegt. Im oberen Geschoss dann das „Hundezimmer“ – ein Wahnsinn!

Auf ca. 50 m² ein großer Welpenspielplatz mit Plastikzaun umrandet, kuschelige Hundehöhlen aus Stoff, haufenweise Hundespielzeug, der Platz teilweise mit Windelauflagen ausgelegt.

auch sehr sauber und gepflegt!!! Der Boden hell gefliest, teure Ledergarnitur... alles sehr ordentlich. Dann ein Blick auf die angrenzende große Terrasse... wunderschöne Gartenmöbel, schöne Steinfliesen, geschmackvoll mit Blumenkübeln gestaltet und mittendrin wuseln acht Welpen herum. Mein Herz klopft bis zum Hals!

Die Welpen sind in sehr gepflegtem Zustand. . . haben saubere Augen, saubere Ohren, sehen aus wie frisch gebadet!!! Die meisten von ihnen liegen in der Sonne, bleiben auch so liegen als wir die Terrasse betreten. Ein einziges helles Mädchen kommt freundlich auf uns zu. Auf meine Frage, warum die Welpen so ungewöhnlich ruhig sind, meint die Züchterin „die sind den ganzen Vormittag schon draußen gewesen, haben wild gespielt und sind eben jetzt hundemüde. OK, einleuchtend!!! Sie verwickelt uns dann sofort in ein Gespräch, fragt wie der Hund bei uns leben wird, wie wir unsere Freizeit mit ihm gestalten werden, wie oft und wie lange er alleine wäre am Tag und wird dann auch ein bisschen ungehalten als wir sagen, dass wir unseren Hund überall mitnehmen, auch zum Radfahren... sie dachte, er muss nachlaufen (dafür wäre ein Havaneser nur bedingt geeignet) und beruhigt sich dann gleich, als wir meinen, er würde bei einem Fahrradausflug natürlich im Korb sitzen. Die Frau macht sich wirklich Gedanken, wie der Hund leben wird und ob er gut aufgehoben ist, denke ich mir. Auf die Frage, ob man die Elterntiere sehen kann, erwidert sie, dass sie eigentlich woanders wohnt und dort auch ihre Zucht betreibt. Hier im Haus gehöre ihr nur der 1. Stock und bei Interesse würde sie mit den Welpen eben hierher fahren, da die meisten Leute nicht bereit wären den mühsamen Weg zu ihrem Grundstück zurückzulegen. OK, für mich auch eine plausible Erklärung, ich kenne diese Gegend, wäre ein ziemlich beschwerlicher Weg. Sie zeigt uns Bilder der Elterntiere... sie sehen hübsch und gepflegt aus.

Sie beginnt wieder mit vielen Fragen, gibt uns Ernährungstipps, empfiehlt uns ein paar gute Tierärzte... alles wie man sich eine gute Beratung vorstellt. Sie erzählt uns auch von vielen schwarzen Schafen unter den Havaneserzüchtern.

Nach dreistündigem Gespräch haben wir unser zukünftiges Familienmitglied auf dem Arm, bezahlen 400 Euro für den Hund, Futterpaket und ein paar Windelauflagen und unterschreiben einen „Übernahmevertrag". Mein Reisepass wird fotokopiert und in einen dicken Ordner eingelegt. Wir müssen hoch und heilig versprechen, dass wir uns melden und regelmäßig Fotos schicken. Zwischen Tür und Angel streichelt sie unserem Süßen noch über den Kopf, gibt ihm ein Küsschen und wünscht ihm viel Spaß mit so lieben neuen Besitzern. Als wir zum Auto gehen, ruft sie noch mal nach, wir sollen nicht die Bilder und das Anrufen vergessen.
Wir verlassen den Ort mit dem Gefühl, eine kompetente, erfahrene und super nette Züchterin gefunden zu haben.

Im Auto fällt mir dann ein, wo sind die Papiere? – hab ich in meiner Aufregung ganz vergessen. Na egal, wahrscheinlich werden sie nachgeschickt.

Unser Welpe lebt sich ganz toll bei uns ein. Einziges Problem... er meidet die Wiese wie seinen Feind, was sich aber nach kurzer Zeit legt. Nach ca. 4 Wochen melde ich mich bei der Züchterin, um zu berichten.

Wir führen wieder ein ziemlich langes Gespräch und mir fallen die fehlenden Papiere wieder ein. Papiere??? Wenn ich einen Havaneser mit Papieren gewollt hätte, hätte er mindestens 1000 Euro gekostet, meint sie.

Ich hätte ihr das vorher sagen sollen, das würde ihr jetzt leid tun. Aha??? Na gut, ich hab keine Ahnung davon, dachte vom Züchter gibt's nur Hunde mit Papieren. Aber sie wird es wohl besser wissen. Wird schon seine Richtigkeit haben... für mich kein großes Problem, im Prinzip sind mir die Papiere nicht wichtig, weil ich nicht vorhabe zu züchten oder mit meinem Hund Ausstellungen zu besuchen. Wichtig ist, dass er gesund ist, ein toller Familienhund ist und dass ich eine gewissenhafte Züchterin gefunden hab.

Unser Hund entwickelt sich zu einem tollen Familienmitglied, ich schicke regelmäßig Bilder zur Züchterin... es kommt aber kein Echo zurück. Na, sie wird gestresst sein...
Im Herbst 2004 bekommen wir Internetanschluss und ich komme auf die Idee mal nach Hunden aus dieser Zucht zu suchen. Oh Gott, was krieg ich da für Horrormeldungen zu lesen!!!! Nein, das kann alles nicht wahr sein!!! Unmöglich, dass meine Menschenkenntnis so schlecht ist und ich mich so habe blenden lassen. Ich überlege, sie anzurufen um das zu klären, verschiebe es aber immer wieder – ist ja ein unangenehmes Thema. Ich kann´s außerdem immer noch nicht so richtig glauben und denke mir, dass meine nette Züchterin von der Konkurrenz einfach schlecht geredet wird.

Kurz vor Weihnachten rufe ich dann bei ihr an... wieder ein sehr langes Gespräch, sie redet und redet, aber irgendwie werde ich das Gefühl nicht los, dass sie gar nicht weiß, mit wem sie spricht und von welchem ihrer Welpen ich spreche. Ich sag also nichts von den bösen Geschichten im Internet und wir verbleiben, dass ich mich bei Zeiten wieder mal bei ihr melde. Das war unser letztes gemeinsames Gespräch.

Ich verbringe weiterhin Stunden vor dem Internet, irgendwann fällt mir auf, dass ihre Annoncen ohne Unterbrechungen in diversen Internetplattformen stehen. Sie bietet laufend Welpen an, männlich, weiblich und in allen Farbschlägen.

Ich melde mich in diversen Hundeforen an, um eventuell Leute zu finden, die auch einen Havaneser aus dieser Zucht besitzen und die vielleicht mehr wissen. Ich lerne einige kennen, aber jeder kennt nur die Gerüchte aus dem Internet und keiner weiß, was daran stimmt oder nicht.

Endlich, nach längerer Zeit hab ich Erfolg. Ich lerne eine Dame kennen mit Hunden dieser Züchterin. Auch sie schreibt ganz begeistert über diese Zucht. Nach kurzer Zeit haben wir regen E-Mail-Kontakt. Ich erzähle ihr meine Vermutungen... auch sie kann es nicht glauben und meint, sie wird versuchen, ein wenig nachzuforschen.

Seither sind wir gemeinsam an der Sache dran und vieles was wir rausgefunden haben deutet eindeutig auf einen Vermehrer anstatt auf einen seriösen Züchter hin.

So hier klinke ich mich jetzt wieder ein und möchte Ihnen gerne ein wenig dazu erklären. Bitte achten Sie ganz genau darauf, ob sich die Mutterhündin mit im Wurf befindet. Und werden Sie ganz vorsichtig, wenn es heißt: Möchten Sie den Hund mit oder ohne Papiere? Es ist unmöglich, ein Auto zu kaufen (entschuldigen Sie bitte den Vergleich) welches billiger wird, wenn Sie keinen Fahrzeugbrief bekommen. Woher nimmt denn dann ein Züchter Papiere, wenn Sie darauf bestehen sollten? Auch wenn der Preis für einen Havaneser nicht wirklich erschwinglich ist, hat er dennoch seine Berechtigung. Es wird sie immer geben, die Vermehrer, aber wenn es keine Nachfrage mehr gibt, dann wird es dem Vermehrer sichtlich schwerer gemacht, seine Hunde loszuwerden. Anzeigen im Internet, die immer wieder von derselben Person geschaltet werden, sollten Sie ganz kritisch betrachten. Auch achten Sie bitte auf die Anzahl der Welpen. Ein Vermehrer hat wirklich viele Hunde. Fragen sie den Züchter nach der Belegung. Wird jede Hitze belegt, werden Sie sehr hellhörig. Diese Hündinnen werden missbraucht, um die Geldeinnahme zu gewährleisten. Ein verantwortungsvoller Züchter belegt seine Hündin nur jede zweite Hitze. Machen Sie sich schlau. Fragen Sie nach. Holen Sie sich Informationen ein, das Internet wird Ihnen helfen und nicht zuletzt auch dieses Buch. Und bitte unterstützen Sie keine Vermehrer!! Das Elend der Hündinnen und letztlich auch der Welpen ist grausam.

Wie ein Welpenkauf auch aussehen kannt, schildert folgender Bericht von Ralf und Anja aus dem Havihundeforum:

3.4. Unser Sonnenschein

Ich mag keine Hunde - so oder so ähnlich hab ich noch bis letztes Jahr im Herbst geklungen. Dann kam dieser verhängnisvolle Sonntagnachmittag, an dem mich meine Frau zu einem dieser unsäglichen Spaziergänge nötigte. Unterwegs erklärte sie mir ständig: „Spazierengehen ist schön, gesund und soooo entspannend." Worauf ich, unbedachter Weise, irgendwann erwiderte: „Wenn du spazieren gehen willst, kauf dir einen Hund." 5 Sekunden war es still, dann kam nur ein Wort von ihr: „OK!!!"
Danach war es nicht mehr aufzuhalten, sie zwang mich im Internet nach der Rasse der „süßen Hunde" zu suchen, die sie „immer schon gemocht hat", deren Namen sie aber nicht mehr wusste. Als wir sie endlich unter heftigem Jubel gefunden hatten, suchten „wir" (in Wahrheit nur ich) nach einem Züchter in unserer Nähe.
Der erste, den wir fanden, war ca. 100 km entfernt. Als ich dort anrief, meldete sich eine merklich schlecht gelaunte Dame, die auf meine Anfrage mit einem miesepetrigem „Dann kommen sie halt mal vorbei" antwortete, das definitiv nach „Bleib, lieber wo du bist" klang.
Beim zweiten hatten wir dann mehr Glück. In 160 Kilometern Entfernung fanden wir eine Hobbyzucht. Nach einem sehr freundlichen, informativen Gespräch lud uns die Züchterin ein, vorbeizukommen um ihre Zucht samt Welpen zu begutachten.
Wir haben uns dann gleich am Sonntag ins Auto gesetzt und sind die 160 Kilometer gefahren. Es war ein herzlicher Empfang. Bei einer Tasse guten Kaffees betrachteten wir eine Bande von quietschfidelen Hunden samt einem Wurf neugeborener Welpen. Meiner Frau stand das Glück ins Gesicht geschrieben und binnen kürzester Zeit hatte sie sich „ihren Welpen" ausgesucht.

Ab diesem Tag versorgte uns die Züchterin regelmäßig mit Infos und Fotos unseres Lieblings. Kurz und gut, am 6.1.2009 war es soweit, noch mal rein ins Auto, wieder 160 Kilometer gefahren, erneut ein herzlicher Empfang mit einer Tasse guten Kaffees und immer noch eine Bande quietschfideler Hunde mit jetzt genauso quietschfidelen Welpen, die für uns alle gleich aussahen. „Was glauben Sie, welcher Ihrer ist?", fragte die Züchterin.
„Keine Ahnung" erwiderten wir wahrheitsgemäß.
„Nehmen Sie einfach den „Dicksten!"
Wobei er nicht wirklich so dick war, außer im Verhältnis zu seinen Geschwistern.
Seitdem bereichert dieser kleine Sonnenschein jeden Tag aufs Neue unser Leben.

Haben Sie sich gut durchgelesen, warum ein Havaneser vom seriösen Züchter vielleicht die bessere Wahl ist? Dann lesen wir jetzt mal im nächsten Kapitel, wie Sie zu Papieren von Ihrem Hund kommen und warum auch die so wichtig sein können.

3.5. Papiere - ja/nein?

Die Frage, ob man sich einen Havaneser mit oder ohne Ahnentafel kaufen möchte, muss im Einzelfall gut abgewägt werden. Es gibt sie auch, die Havaneserhalter, die gesunde reinrassige Haviwelpen ohne Stammbaum abgeben, nur ist hier besondere Vorsicht gegeben, da kein Verein die Zuchtbedingungen kontrolliert. Insbesondere die Untersuchungen der Elterntiere auf die vererbbaren Krankheiten wie Patellaluxation (PL) und vererbbare Augenkrankheiten (Katarakt) sind unverzichtbar. Erfüllt ein Züchter, der seine Welpen ohne Ahnentafel abgibt, die Bedingungen, die ein vereinsgebundener Züchter sich im Regelfall auferlegt, so ist nichts gegen einen solchen Hund einzuwenden. Sie müssen ihn nur noch finden.

Ein Züchter, der einem Rassehundeverein angehört, lässt in der Regel seine Zuchttiere auf Erbkrankheiten testen, die Tiere sollen artgerecht ernährt sein, in einwandfreien hygienischen Verhältnissen leben, gepflegt, gut sozialisiert, geimpft und entwurmt sein, eine Zuchtzulassung absolviert haben (also dem Typ eines Havanesers entsprechen, gesund sein und ein freundliches Wesen haben) und so weiter. All das ist mit einem enormen Aufwand von Zeit und Geld verbunden. Aus diesem Grunde kann der Züchter seine Welpen auch nicht zum Schnäppchenpreis abgeben. Welpen die unter ungünstigsten Bedingungen aufwachsen, sind die allerersten Patienten beim Tierarzt und ihr Schnäppchenhund wird so ungeahnte Kosten verursachen.

Bitte kaufen Sie keine Hunde, deren Herkunft unklar ist, deren Elterntiere Sie nicht sehen dürfen oder die nicht vorhanden sind. Keine Welpen, die im Zwinger aufwachsen müssen und deren Lebensbedingungen unhygienisch sind. Keine Welpen, die ängstlich oder nicht munter sind oder gar krank aussehen. Kaufen Sie keinen Hund aus Mitleid! Sie fördern so die Nachfrage nach Welpen, die nur geboren wurden, um Geld mit ihnen zu verdienen.
Die Bedingungen, unter denen die Mutter und die Welpen aufwachsen, sind dort meist nicht zu verantworten. Es gibt aber auch schwarze Schafe unter den im Verein gebundenen Züchtern, also schauen Sie sich Züchter und Hunde genau an, egal, ob die Hunde mit Ahnentafel oder ohne abgegeben werden.

Wissen Sie was Ihnen in Zukunft öfter passieren wird? Sie kommen irgendwo hin und man fragt sie entzückt: „Uiiii, was ist das denn für ein schöner Mischling? So einen hat meine Nachbarin auch gehabt. Die sind soooo süß!" Ja und dann stehen Sie da und fragen sich, sollen Sie sich jetzt ärgern oder wundern oder freuen oder traurig sein.
Seien Sie nicht zu streng mit Ihren Mitmenschen. Ein Havaneser ist heutzutage noch nicht so bekannt. Mit der Zeit kennen sicherlich immer mehr Menschen den Havaneser, aber im Moment sind wir noch nicht so weit. Vielleicht ist das aber auch gut so, denn somit sind wir noch ein wenig seltener und bei Vermehrern wegen der mangelnden Nachfrage noch nicht so begehrt!

Das bringt mich jetzt zum nächsten Kapitel, denn auch ein Mischling ist ein wunderbarer Hund und es muss ja gar kein Rassehund sein! Ich erkläre Ihnen mal den Unterschied!

3.6. Rassehund oder Mischling?

Für einen Züchter fallen hohe Kosten für ärztliche Untersuchungen, Deckgebühr, Premiumfutter, Impfungen usw. an. Auch erhebliche Kosten für Ausstellungsbesuche müssen berücksichtigt werden, da der Hund sonst keine Zuchttauglichkeitsbescheinigung bekommen kann. Erst die späteren Kosten sind es, die die Hundehaltung teuer machen. Bedenken Sie bitte, es fallen Steuern, Haftpflichtversicherung, Futter, Tierarztkosten und Hundeschule an.
Schnell ist hier eine recht beachtliche Summe zusammengekommen und hier sind noch keine unvorhergesehenen Ereignisse mit aufgeführt, wie evtl. Operationskosten bei schwerwiegenden Verletzungen oder Erkrankungen.

Oft hört man auch die Aussagen „Rassehunde sind viel krankheitsanfälliger" – „Mischlinge sind viel gesünder". Das erklärt sich aber viel eher darin, dass bei einem Mischlingshund die Krankheitsmerkmale nicht durch einen Verband über Generationen dokumentiert werden.
Sicher wurden bei vielen Hunderassen im Laufe der Zeit rassetypische Krankheiten eingezüchtet. Meistens, weil man die existierenden Probleme bei den Elterntieren zu spät erkannt hat.
Das Erbgut war dann aber bereits an die Nachfahren weitergegeben. Typische Erkrankungen sind hier PL (Patella[Kniescheiben]-luxation) und PRA (Erkrankung der Netzhaut).

Viele Vereine verlangen deswegen auch eine ärztliche Untersuchung des Hundes, bevor dieser in die Zucht gehen kann. Havaneser sind als Rasse jedoch noch nicht überzüchtet und die Erbkrankheiten noch nicht so ausgeprägt wie beispielsweise beim Schäferhund, der massive Probleme mit Hüftdysplasie hat.
Beim Mischling ist das Erbgut natürlich viel breiter gestreut. Das ist jedoch keine Garantie, dass ein Mischling nicht auch eine bestimmte Erbkrankheit hat. Gerade hier kann es auch vorkommen, dass mehrere Erbkrankheiten verschiedener Rassen zusammen auftreten.

Ein Rassehund ist immer dann zu empfehlen, wenn Sie konkrete Erwartungen an den Hund haben. Havaneser gelten als sehr gelehrig und familienfreundlich. Sie sind einfach zu erziehen und keine notorischen Kläffer. Außerdem kommt noch hinzu, dass sie keinem Fellwechsel unterliegen und demzufolge kaum haaren. Ein Hund, der auch für einen Allergiker in Frage kommt.

Beim Mischling weiß man dagegen nie, welche Eigenschaften sich durchsetzen.
Man kann vielleicht noch erfahren, welche Charaktereigenschaften seine (evtl. sogar reinrassigen) Eltern haben. Wie sich diese Mischung jedoch beim Welpen auswirkt, ist nicht vorhersehbar. Gegen einen Mischling spricht auf jeden Fall folgender Punkt: Oft sind es Welpen aus geplanten Mischlingswürfen oder so genannte „Unfälle".

Nicht selten hören viele auch auf das Märchen, dass eine Hündin einmal in ihrem Leben Junge haben sollte. Mischlinge sind deswegen jedoch keine Hunde zweiter Klasse!
Wer eine gewisse Hundeerfahrung hat, Überraschungen liebt und noch dazu Humor besitzt, hat mit einem Mischling bestimmt Spaß!

Gehen wir noch einmal zurück zum Welpenalter. Wie gut ich sozialisiert werde, das hängt maßgeblich auch von meinem Aufwachsen in den ersten Lebenswochen beim Züchter ab. Stellen Sie sich vor, ich komme zu Ihnen und habe niemals zuvor das Geräusch eines Staubsaugers gehört. Dann verstehen Sie sicherlich, dass ich vielleicht erstmal erschrocken, erstaunt oder interessiert bin. Lesen Sie mal, wie so eine Sozialisierung beim Züchter vor sich geht.

3.7. Sozialisation beim Züchter

Unter Sozialisation versteht man die Fähigkeit der Hunde, untereinander zu kommunizieren, also Signale auszusenden und diese auch zu verstehen, ebenso das Verhalten der Hunde dem Menschen sowie anderen Tieren gegenüber und seinen Umgang mit der Umwelt.

Was sich so einfach anhört, ist eine der umfassendsten Aufgaben eines Züchters, der er sich hoffentlich sehr bewusst ist! Gelingt es nicht, dass die Welpen diese Umgangsformen lernen, wird dabei ein Hund herangezogen, der zeitlebens nicht angemessen auf bestimmte Situationen reagieren kann und somit kein glückliches Hundeleben führen wird, denn durch Unsicherheit können Angst und Überaggressivität entstehen.

Erst ein wenig Theorie: Die Entwicklungsphasen eines Welpen lassen sich grob einteilen, wobei sich aber die Kynologen nicht immer einig sind. Natürlich kommt es immer auf die Hundekinder im einzelnen an sowie auf die Rasse, aber pauschal gesagt, beginnt die Entwicklung mit der neonatalen Phase, die die ersten beiden Lebenswochen umfasst.

Hier sind die Welpen noch blind und taub, können nur Wärme, Kälte und Schmerz empfinden, sie werden komplett von ihrer Mutter versorgt. Daran schließt sich in der dritten Lebenswoche die Übergangsphase an. Die Augen und Ohren gehen auf, die Welpen hören und können dann auch sehen.
Ab der vierten Lebenswoche beginnt die Prägungs- oder Sozialisierungsphase, die bis zur 12., manche sagen auch bis zur 16. Lebenswoche dauert. Das Laufen wird mit jeder Woche immer sicherer, das Milchgebiss entwickelt sich, es wird zugefüttert. In der Zeit bis zur 5./6. Woche kennen die Kinder noch keine Angst, alles wird neugierig erforscht. Angst entwickelt sich erst ab dann, aber bis zur 7./8. Woche überwiegt immer noch größtenteils die Neugier. Diese Zeit ist die sensibelste Prägungsphase. Daran anschließend beginnt die Rangordnungs- und Rudelordnungsphase, die übergeht in eine Phase der Angst; in diese Zeit fällt oft der Umzug ins neue Heim. Sie dauert ungefähr bis zur 12. Woche, dann sind noch einmal vier Wochen Zeit, in denen der Hund besonders lernfähig ist.
Was man dann versäumt hat, ist schwer bis gar nicht wieder aufzuholen. Das Gehirn wächst bis hierhin sehr schnell. Es sollten sich durch Umweltreize und milden Stress möglichst viele Verbindungen zwischen den Gehirnzellen entwickeln. Die Gehirnzellen sind von Geburt an vorhanden und es ist in dieser Zeit wichtig, dass durch viele Informationen die Bildung von Nervenverbindungen zwischen den Zellen ermöglicht wird, dies ist die Grundlage für späteres Lernen.
Je enger die neurobiologischen Verknüpfungen bereits in diesem Alter geknüpft werden, umso besser kann man später darauf aufbauen.
Jeder Hund hat zwar seine individuellen Anlagen, aber wenn diese nicht richtig gefördert werden, kann er sie zeitlebens nicht richtig ausschöpfen. Wenn wir uns das Gehirn als Landkarte vorstellen, auf der als seine individuellen Anlagen der Umriss eines Landes zu sehen ist, dann braucht es doch noch viel Arbeit um die ganzen Straßen einzuzeichnen, bis auch die letzte Nebenstrecke eingetragen ist. Durch eine mangelhafte Vorbereitung aufs Leben fehlen dann einfach wichtige Verbindungsstrecken, man kann dann die Nebenstrecken nicht mehr einzeichnen. Der Züchter sorgt also durch seine Arbeit für die Autobahnen, beim zukünftigen Besitzer müssen Bundesstraßen und Landstraßen dazukommen, dann erst kann der Hund aus dem Vollen schöpfen. Es wird zwar immer zurückhaltende Welpen geben und mutige, Raufbolde und Schmuser, aber es ist ihnen gemeinsam, dass sie zu ihrer Wesensentwicklung viel Unterstützung des Menschen brauchen. Nachdem Havaneserwelpen erst mit zehn Wochen abgegeben werden, fällt ein großes Stück dieser Zeit in ihr Leben bei ihrem Züchter. Die Welpen sollten bei ihm so viel wie möglich kennen lernen, um später zu ausgeglichenen, in sich ruhenden Hunden, die vor nichts Angst zu haben brauchen, heranzuwachsen.

Was kann ein Züchter also tun, um dieser Verantwortung besonders gerecht zu werden?
Als Züchter ist man ab der Geburt gefordert. Während der ersten zwei Wochen im Leben der Welpen eher beobachtend, aber auch hier kann man schon Grundlagen schaffen!
Wenn man die Kleinen wiegt, behält man sie etwas auf der Hand, so können sie von Anfang an auch den Menschengeruch aufnehmen und er ist normal für sie. So werden sie ebenfalls auf Menschen geprägt und die Bindung an sie fällt den Hunden leicht. In dieser Zeit sollte man dann kein Parfüm benutzen, der Züchter möchte ja, dass der Hund den Individualgeruch des Menschen schnuppert und nicht nur ein teures Parfum.
Der Züchter sollte aber in dieser Zeit wenig eingreifen, wenn alles in Ordnung ist.

Ein Hund weiß nicht gleich bei der Geburt, dass er ein Hund ist. So ist es für ihn immens wichtig in seinem Wurfverband aufzuwachsen und das Sozialverhalten mit seinen Geschwistern und seiner Mutter zu trainieren. Sobald die Kleinen dazu fähig sind, also ungefähr ab der vierten Woche, wird gerangelt und gekniffen und es geht recht wild zu in der Wurfkiste. Da die Geschwister und Mutter dem Welpen aber immer sagen, wann er zu weit geht, lernt er daraus. So kann er die Beißhemmung spielerisch lernen, ebenso im Spiel mit dem Züchter. Das Verhalten bei Aggressionen im Erwachsenenalter hängt stark mit den Erfahrungen zusammen, die ein Welpe hier sammeln konnte. Sind die Kleinen ihr zu frech, sorgt Mama kurz für Ruhe und weist sie zurecht. Aber nie grob! Hunde sind wundervolle Eltern!
Wenn die Welpen dann der Wurfkiste entwachsen sind, richtet der Züchter in einem Zimmer innerhalb des Wohnbereiches einen Welpenauslauf ein und stattet ihn mit Spielzeug aus. Es eignet sich fast alles, was die Kleinen nicht kaputtmachen können oder was ihnen schadet – Plastik, das sie zerbeißen könnten und Kleinteile davon verschlucken, lässt man natürlich bei Seite, aber sonst sind dem Züchter kaum Grenzen gesetzt: Kartons zum darin verstecken, Tücher zum Zerren, kleine Bällchen, ein großer Fußball, Dosen, die scheppern – man kann sehr kreativ sein oder einfach etwas kaufen, es werden unendlich viele Spielwaren angeboten. Man braucht aber kein riesiges Sortiment! Es ist wichtiger, dass der Züchter mitspielt, aus diesen Interaktionen kann der Hund sehr viel lernen. Ebenso tauscht man das Spielzeug jeden Tag aus, dann ist es immer neu und wieder interessant und bietet den Kleinen viele neue Erfahrungen.

Auch draußen im Garten erhalten die Welpen nun einen Auslauf, in dem sie möglichst viele verschiedene Untergründe vorfinden sollten: Gras, Steine, einen Sandplatz zum Buddeln sowie Büsche, um die herum man Verstecken spielen kann, Wasser zum Plantschen, eine kleine Hütte und wiederum Spielzeug, das man variiert. Wichtig ist auch, dass der Züchter mit den Welpen spielt, Zeit für die Welpen hat und sich mit seinen Welpen beschäftigt.

Die Kleinen dürfen jeden Tag hinaus, wenn auch bei schlechtem Wetter nicht so lange. Aber sie sollen möglichst einmal Regen und Wind erfahren, ebenso wie Dunkelheit! Im Winter auch mal Schnee – natürlich dabei nicht übertreiben!
Haben sie dann im Matsch gewühlt, kann man gleich die Chance nutzen, sie vorsichtig abzuduschen und zu föhnen, damit tut man den Welpenkäufern einen großen Gefallen!

Bei langhaarigen Hunden ist es sehr praktisch, wenn sie sich föhnen lassen und sich nicht vor Schreck gleich im Keller verkriechen, sobald man das Gerät anstellt.
So macht man die Runde durchs Haus und schaltet alles ein, was so richtig Krach macht: Staubsauger, elektrische Zahnbürste, Radio, Bohrmaschine, Telefonklingeln, Rasenmäher – es wird jedem etwas anderes einfallen. Es gibt auch Geräusche-CDs, die man einsetzen kann, aber die richtigen Geräusche kann man dadurch nicht total kompensieren und es ist immer besser, die Welpen erleben etwas „live".

Ein wichtiges Kapitel ist das Autofahren. Jeder Hund in der heutigen Zeit wird Autofahren müssen. Im Wurfverband zusammen mit Mama lernt sich das auch einfach. Erst einmal werden alle einfach hineingesetzt. Geht das gut, lässt man das Auto einmal an. Dann kann man eine kurze Strecke fahren und es mit einem kleinen Ausflug verbinden, so wird das Autofahren mit einem positiven Ereignis verbunden und ist einfach toll.

Ganz wichtig ist einfach, dass entsprechend der Entwicklung den Welpen grundsätzlich entsprechende Reize geboten werden. Man kann auch einmal ein Halsband umlegen und eine leichte Leine einführen. So merken die Kleinen, dass ihr Radius beschnitten werden kann, das aber gar nicht schlimm sein muss, wenn man sie gleich mit einem ruhigen Spiel oder Leckerchen ablenkt. Wenn die Hundemutter sich langsam dagegen wehrt, dass die Kleinen zu stürmisch an ihr saugen, wird das Stress auslösen und die Welpen merken, es geht nicht alles nach ihren Vorstellungen. Normalerweise tritt dann ein Gezeter ein, aber nach und nach werden sie lernen, dass sie mit dieser Situation bestmöglich umgehen müssen und die Frustrationstoleranz erhöht sich.

Was dann beinahe von selbst geht, ist das Kennenlernen von vielen verschiedenen Menschen, damit der Welpe nicht nur seinen Züchter kennt, sondern die Menschen generalisieren kann. Aber durch die Interessenten bekommt der Züchter dann ohnehin viel Besuch. Das ist gut so: Kinder, Männer, Frauen, ältere Menschen, die vielleicht am Stock gehen – es gibt so viele verschiedene Erscheinungen!

Natürlich gibt es noch viel mehr, das man konkret mit den jungen Hunden als Züchter unternehmen kann, aber die Hauptsache ist einfach, dass man sich Gedanken macht! Ein Schirm beispielsweise ist für keinen Menschen bedrohlich – kann es aber für einen kleinen Hund, der noch niemals einen sehen durfte – schon sein. Ebenso flatternde Wäsche auf der Leine. Besonders bei Hundewelpen von langhaarigen Rassen ist die tägliche Körperpflege sehr wichtig. Sie müssen bereits jeden Tag an dieses Ritual gewöhnt werden. Es wird in die Ohren und ins Maul geschaut, die Pfoten überprüft, die Rute wird vorsichtig hochgehoben und der Popo bei Bedarf gesäubert. Dann bürstet man vorsichtig über das noch kurze Fell – aber der Hund muss es kennen, denn später, wenn das weiche Babyfell gewachsen ist, muss er gekämmt werden und das darf nicht immer wieder ein neuer Kampf für Hund und Halter werden. Auch der Tierarzt wird es zu schätzen wissen, wenn die Hunde es gewohnt sind, an solchen Stellen berührt zu werden.
Für die Sauberkeitserziehung legt man den Grundstein durch kräftiges Loben, wenn sich die Kleinen an der gewünschten Stelle lösen. Im Zimmer kann man eine bestimmte Ecke zuweisen und vielleicht eine Welpentoilette aufstellen, sodass sie schon von klein auf lernen, man kann nicht überall hinmachen. Sagt man dann schon ein bestimmtes Signalwort dazu, das dann die neuen Welpeneltern übernehmen können, haben diese bestimmt bald einen stubenreinen Hund.
Auch kann man, besonders bei Welpen kleiner Hunderassen, einmal eine Begegnung mit einem großen Hund herbeiführen, von dem man weiß, dass er die Kleinen gelassen ertragen wird.
So wird ihnen einfach von Anfang an ein gutes Bild von den Großen gezeigt, sie brauchen keine Angst zu haben. Natürlich benötigen die Hunde auch ihre Ruhezeiten, damit sie die ganzen Reize verarbeiten können. Sie dürfen nicht überfordert werden!

Sie müssen genügend schlafen, denn in dieser Zeit sind die Neuronen im Gehirn sehr aktiv. Die Hirnrinde kann nicht zwischen Traum und „echten" Erlebnissen unterscheiden und das Gehirn erlebt so alles sozusagen im Schlaf noch einmal, es festigen sich die Erlebnisse so erst richtig.
Die Hundekinder lernen also spielerisch die Welt kennen und sind dann wieder richtig geschafft – aber sie haben für ihr Leben gelernt und sind dann gerüstet für viele neue Situationen und Begegnungen mit Freunden und Fremdem in einem hoffentlich langen und glücklichen Hundeleben und das macht jedem zukünftigen Besitzer das Zusammenleben mit seinem Hund einfach schöner!

Ich, der Frederico, bin ein Rüde. Da muss ich schon mal markieren. Ja gut, es muss nicht der Wohnzimmersessel sein. Aber bevor hier der Besuch denkt, ich hätte nicht das Sagen, da muss ich doch vorsorgen. Wieso wäschst Du das jetzt wieder ab? Verstehe einer die Menschen. Und dann gibt es vor der Anschaffung eines Hundes anscheinend auch noch eine Frage, die sich die Dosis stellen, nämlich Rüde oder Hündin. Ich erkläre Ihnen im nächsten Kapitel mal die Unterschiede.

3.8. Rüde oder Hündin?

Diese Frage hört man immer wieder von Leuten, die sich entschlossen haben, einen Hund anzuschaffen. Grundsätzlich gibt es da keinen generellen Ratschlag.
Als Erstes steht wohl die Überlegung: Plant man ggf. eine Zucht oder sucht man einen reinen Familienhund. Für einen reinen Familienhund kann man kein einheitliches Rezept für die Wahl geben.

Es gibt Vor- und Nachteile sowohl bei Rüden als auch bei Hündinnen, obwohl diese bei Großhunderassen sicherlich mehr ins Gewicht fallen als bei Havanesern, denn der Havaneser ist wesentlich einfacher zu erziehen als Hunde großer Rassen. Hier eine kurze Übersicht über Vor- und Nachteile der Geschlechter:

Das wohl schwerwiegendste Problem beim Rüden, das viele Hundebesitzer als sehr nervig empfinden, ist das ständige Markieren. Beim Spazierengehen, aber vor allem beim Joggen oder Radfahren ist es sicherlich sehr störend, wenn der Rüde mit der Nase ständig und überall auf dem Boden schnüffelnd immer wieder stehen bleibt und jeden Grashalm, jeden Laternenmast und dergleichen markiert. Besonders unangenehm ist das Markieren bei Besuchen. In fremder Umgebung markiert er auch häufig, um auch hier sein Territorium zu bestimmen. Nichthundebesitzer zeigen da oft wenig Verständnis. Es gibt sogar Rüden, die auch ihr Revier im eigenen Haushalt markieren und das manchmal sogar täglich. Dies kann man ihnen nur durch strenge Erziehungsmaßnahmen wieder abgewöhnen. Besonders ausgeprägt ist sein Geschlechtstrieb, wenn er läufige Hündinnen riecht. Das kann für einen Rüden durchaus zur Qual werden.
Es kann passieren, dass er dann streunt, um zu der Hündin zu gelangen und seinen Trieb zu befriedigen. Er kann dann auch sehr unruhig werden, heulen und evtl. sogar die Nahrung verweigern. Dieses Verhalten zeigt er ganzjährig und nicht wie die Hündin nur zu Zeiten der Läufigkeit.

Eine Hündin kann allerdings auch markieren. Besonders während der Läufigkeit, um den Rüden ihre Duftmarke zu hinterlassen. Die Blutung dauert ca. 10 Tage, ist aber bei kleinen Rassen meistens nur relativ schwach. Die Hündin hält sich in der Zeit meistens selber so sauber, dass nur selten Schutzmaßnahmen ergriffen werden müssen. Sie muss in dieser Zeit, vor allem während der Stehtage, besonders kontrolliert und von Rüden ferngehalten werden, damit sie nicht entwischt und es nicht zu einer ungewollten Trächtigkeit kommt.
Die Läufigkeit der Hündin findet in der Regel zweimal jährlich statt und dauert jeweils ca. drei Wochen. Es gibt aber auch Ausnahmen mit nur einer Läufigkeit oder drei Läufigkeiten pro Jahr. Bedenken muss man natürlich, dass die Läufigkeit in manchen Situationen zum Problem werden kann, z.B. während eines geplanten Urlaubs und überall dort, wo Rüden sind, bei Ausstellungen oder Ähnlichem. Hündinnen gelten als anhänglicher, dafür aber zickiger, Rüden als dominant und schlechter erziehbar. Das mag bei manchen Großhunderassen zutreffen, obwohl das mehr eine Sache des Charakters als das des Geschlechtes ist. Das Problem, dass sich manche Rüden nicht ausstehen können, kann natürlich immer wieder vorkommen, bei Havanesern untereinander aber weniger als bei anderen Rassen.

Fazit:
Vor- und Nachteile gibt es sowohl beim Rüden als auch bei der Hündin, sie sind allerdings bei den Havanesern, die sehr gut erziehbar sind und über sehr gute Charaktereigenschaften verfügen, weniger störend und besser erzieherisch in den Griff zu bekommen als bei vielen anderen Hunderassen. Das wichtigste Entscheidungskriterium ist, ob man besser mit dem Geschlechtstrieb des Rüden oder der Läufigkeit der Hündin leben kann. Oft ist das Bauchgefühl beim Welpenkauf die beste Entscheidung. Nicht der Käufer sucht den Welpen aus, sondern der Welpe seine neue Familie.

3.8. Wie ein Welpe groß wird

Die erste Woche

Abb. 1: Hurra, ich bin da. Ich bin die kleine Buffy. Nur ganze 130 Gramm wiege ich. Das ist ungefähr so viel wie ein halbes Päckchen Butter. Bin halt ein zartes Mädel. Meine Augen und Ohren sind noch geschlossen, aber ich habe gute Instinkte. Mamas Zitzen finde ich immer. Ich kann meine Geschäfte noch nicht alleine verrichten. Mama leckt mich immer sauber. Das tut gut. Ich brauche noch viel Wärme und kuschle gern mit Mama. Meine Menscheneltern nehmen mich ganz oft in die Hand und kraulen mein Bäuchlein. So soll ich lernen, dass Menschen gut zu mir sind. Aber das weiß ich doch sowieso! Mein Näschen ist noch ganz rosa, aber wartet ab: Das ändert sich noch.

Abb. 2: Was habe ich gesagt – da kommt schon der erste dunklere Fleck auf mein Näschen. Die Pigmentierung beginnt. Ganz schön dick bin ich geworden: Ich habe mein Gewicht schon fast verdoppelt – jetzt bin ich ein ganzes Päckchen Butter. Bei Menschenbabys wäre so eine Zunahme innerhalb einer Woche unvorstellbar – die würden platzen.

Die zweite Woche

Abb. 3: Hach, bin ich müde. Ich schlafe immer noch sehr viel, aber ich esse ja auch viel. Und davon wird man soooo müde. Ich kann jetzt schon immer schneller in Richtung Milchbar robben.

Abb. 4: Uii, auf einmal wird's hell. Am 14. Lebenstag habe ich die Augen geöffnet. Noch sehen sie bläulich und trüb aus, aber ich sehe schon etwas. Und das wird ab jetzt jeden Tag besser klappen. Meine Ohren öffnen sich langsam auch. Endlich höre ich meine Mama und meine Geschwister, aber auch meine Menscheneltern, den Fernseher, den Staubsauger und vieles, was ich noch nicht kenne.

Die dritte Woche

Abb. 5: Jetzt beginnt schon meine dritte Lebenswoche. Übergangsphase wird diese Zeit genannt. Ich weiß schon, was die Menschen damit meinen, denn so langsam werde ich ein richtiger Hund. Jeden Tag kann ich besser sehen und hören. Mein erstes Geschäft habe ich heute auch schon ohne Mamas Hilfe verrichtet. Hat prima geklappt. Ich kann sogar schon etwas laufen. Okay, meine Gehversuche sind noch etwas unsicher; oft lande ich noch auf meinem Popo. Lacht nicht!

Abb. 6: Meine Geschwister finde ich ganz toll. Mit denen kann man so schön kuscheln. Man kann sie auch anknabbern. Die Öhrchen schmecken am besten. Die Menschenmama spielt auch viel mit mir und sie hat mir ganz leckere Welpenmilch gegeben. Das schmeckt!

Die vierte Woche

Abb. 7: Mit dem Laufen klappt es jetzt immer besser. Mein Schwänzchen steht dabei lustig in die Höhe. Das sieht aus wie ein kleines Steuerruder. Mama sagt, ich kriege noch einen richtigen Havaneserschwanz. Ist mein Näschen nicht inzwischen schön schwarz geworden? Meine Haare sind auch schon ganz schön gewachsen.

Abb. 8: Ja, ich bin ein hübsches Mädchen! In den ersten Tagen haben sie mich manchmal Maulwurf genannt. Das sagt jetzt niemand mehr! Meine Menscheneltern machen uns immer häufiger lecker Fressen. Ich tu so, als ob ich das toll fände, aber in Wirklichkeit schmeckt es bei Mama am besten.

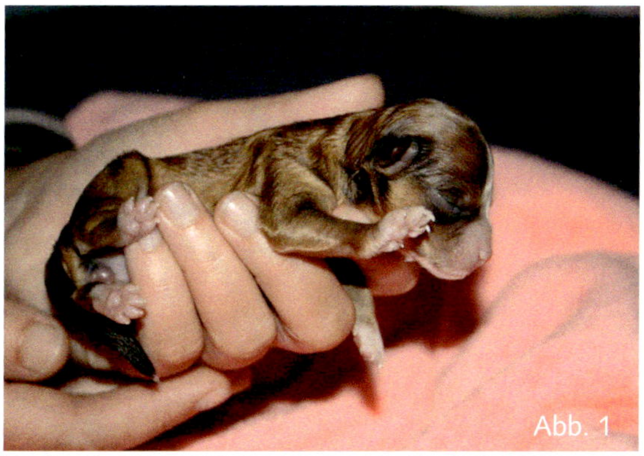
Abb. 1

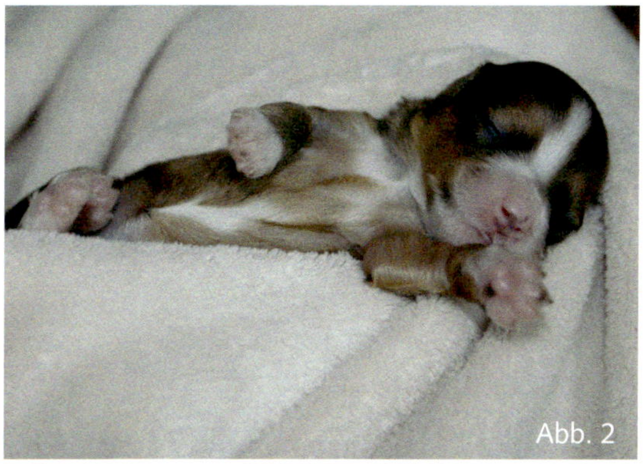
Abb. 2

Abb. 3

Abb. 4

Abb. 5

Abb. 6

Abb. 7

Abb. 8

Abb. 9

Abb. 10

Abb. 11

Abb. 12

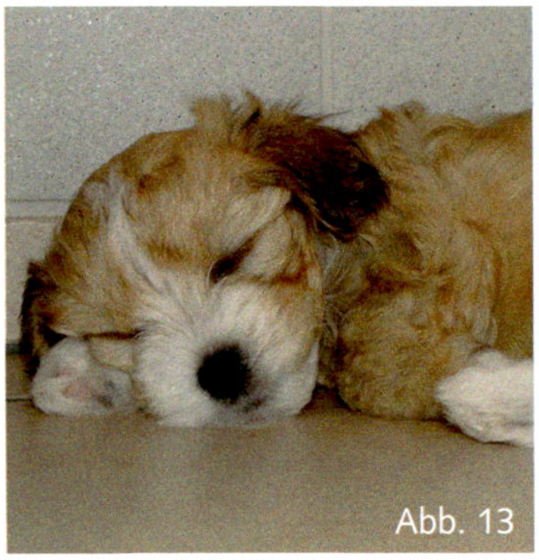
Abb. 13

Abb. 14

Abb. 15

Abb. 16

Abb. 17

Abb. 18

Abb. 19

Die fünfte Woche

Abb. 9: Ab jetzt geht es ganz oft nach draußen. Hier gibt es so viel zu erkunden. Jeden Tag werde ich sicherer auf meinen Beinchen. Ich bin schon ganz schön flott! **Abb. 10:** Aber am liebsten spiele ich mit meinen Geschwistern. Auch mit Mama spiele ich gern. Nur manchmal muss Mama ein wenig mit mir schimpfen. Sie nennt das Erziehung. Erziehung ist blöd!

Die sechste Woche

Abb. 11: Ich glaube, ich habe inzwischen fast das ganze Grundstück erforscht. Alles meins! Aber das behaupten meine Geschwister auch. Mein Schwänzchen krümmt sich langsam. Ja, es wird wohl mal wirklich wie bei Mama über dem Rücken liegen. **Abb. 12:** Von Anfang an hatte ich viel Besuch, aber jetzt kann ich das so richtig genießen und mich darüber freuen. Besuch, besonders Besuch mit Kindern, bringt Abwechslung und Spaß. Juchhu!

Die siebte Woche

Abb. 13: Meine Schlafenszeiten werden immer kürzer, aber manchmal werde ich doch müde. Und wenn ich schlafe, sehe ich wohl zum Knutschen aus. Hab ich so gehört. Die Menschenmama hat ganz schön viel Arbeit mit mir. Ich mache nämlich ziemlich viele kleine und große Geschäfte. In der ersten Zeit hat die meine Mama immer beseitigt, aber das macht sie schon länger nicht mehr. Ich laufe gerne meinen Menscheneltern hinterher. Bitte spielt mit mir!
Abb. 14: Ich kuschle auch gerne, besonders mit meinen Geschwistern. Bin wohl ein richtiger kleiner Schmusehund. Aber natürlich kann ich es auch schon mal faustdick hinter den Schlappohren haben.

Die achte Woche

Abb. 15: Meine Menscheneltern müssen gut auf mich aufpassen, denn ich zernage alles. Meine Zähnchen sind ganz schön spitz und scharf. Da macht das Knabbern einfach Spaß. Menschenpapas Nase finde ich super. Die ist soooo groß. Da kann man richtig gut reinbeißen.
Abb. 16: Manchmal haben Menscheneltern komische Ideen. Dann binden sie uns an Seile und wollen mit uns Gassi gehen. Aber da mach' ich nicht mit – jedenfalls jetzt noch nicht.

Die neunte Woche

Abb. 17: Ich habe so tolle Geschwister! Gut, dass ich nie alleine bin. Mama sagt, irgendwann müsse ich zu meiner eigenen Familie ziehen. Die kenn ich ja schon. Sind auch ganz nett. Aber meine Brüder und Schwestern sollen dann mitkommen. **Abb. 18:** Mein Fell wird immer länger. Ich sehe schon richtig wuschelig aus. Haus und Garten reichen mir nicht mehr. Ich mag es, erste Ausflüge und Spaziergänge zu unternehmen. Die Menscheneltern gucken jetzt schon mal traurig und sagen, wie groß und selbstständig ich geworden sei. Darüber sollen sie sich doch freuen.

Die zehnte Woche

Abb. 19: Auch die schönste Zeit geht mal zu Ende. Ich muss Abschied nehmen von meiner Mama, meinen Geschwistern und meinen Menscheneltern. Ich wiege jetzt 2.000 Gramm und bin bereit, meine neue Familie, die mich ja schon öfter besucht hat, glücklich zu machen. Mal gespannt, was mich in meinem neuen Zuhause erwartet. Das wird bestimmt ganz spannend. Ein bisschen leid tut mir der Abschied ja schon, doch meine Mama sagt, das sei nicht so schlimm und ich würde mich ganz schnell bei meinen neuen Menscheneltern wohlfühlen.

4. Der Welpe zieht ein

„So, wissen Sie, was wir jetzt machen? Wir gehen einkaufen! Einkaufen ist einfach wunderbar. Das werden Sie merken. Sie freuen sich auf Ihr neues Familienmitglied und Sie werden feststellen, dass Sie keine Ahnung haben, was Sie eigentlich wirklich brauchen. Wissen Sie eigentlich, dass ich stolzer Besitzer von vier Körbchen bin? Doch, lachen Sie nicht. Das ist so. Und ich nutze Sie auch alle. Wobei ich sicherlich auch ein Lieblingskörbchen habe. Und dann Spielzeug, meine Güte, richtig viel habe ich da. Ob ich das jetzt alles brauche? Hmmm, ich weiß es nicht. Aber was ich ganz sicher brauche, das erzähle ich Ihnen im nächsten Kapitel.

4.1. Welpenausstattung

Es gibt verschiedene Gegenstände, die man im Haus haben sollte, wenn der Hund einzieht:

- Verschiedene Liegemöglichkeiten wie z.B. ein Kuschelkissen oder eine Kuscheldecke, ein Körbchen (aus Weidengeflecht oder aus Stoff), 1 Decke mit Hundegeruch vom Züchter, ein so genanntes Ved-Bed.

- Praktische Dinge wie eine Transportbox fürs Auto und evtl. einen Welpenauslauf für Zuhause.

- Geschirr oder Halsband mit Leine, gibt es beides in speziellen Welpenausführungen. Halsband und Leine können zur Sicherheit des Hundes mit Reflektionsstreifen versehen sein, was gerade bei dunklen Havanesern durchaus empfehlenswert ist. Ein Metallplättchen oder Adressanhänger mit Name und Telefonnummer des Herrchens empfiehlt sich für den Fall, dass der Hund sich einmal verläuft. Auch ein Eintrag in ein Haustierregister wie z.B. das TASSO-Register ist sinnvoll.

- Wenn der Welpe es beim Züchter gewohnt war, sein Geschäft auf Wickelauflagen/ Babyunterlagen zu machen, sollten Sie auch diese parat haben.

- Die Fress- und Trinknäpfe sollten – wegen der leichteren Reinigung und des größeren Eigengewichts – lieber aus Metall als aus Kunststoff sein. Ebenfalls schwer sind Näpfe aus Steingut oder gar Porzellan, doch sind metallene haltbarer, wenn auch viele Hunde sie nicht so gern mögen.

- Meistens gibt der Züchter gewohntes Futter für die ersten Tage im neuen Zuhause mit. Die verschiedenen Futterhersteller versenden auf Anfrage Probepakete ihres Futterangebots. Leckerlis für die ersten Gehorsamkeits- und Spieleinheiten sollten ebenso im Hause sein, wie Kauknochen (Achtung! Solche die geknotet aussehen, können von den Welpen im Ganzen verschluckt werden und zu Problemen führen!) und andere Kauartikel. Falls Nassfutter aus der Dose gefüttert werden soll, stellen Sie sicher, dass Sie einen geeigneten Dosenöffner haben.

- Spielzeug, wie z.B. ein Vollgummiball, ein dickes Baumwollseil mit Knoten am Ende (damit hat man sogar noch was für die Zähne und die Kaumuskulatur getan), ein Kuscheltier, und noch vieles mehr.

- Einen Kamm und eine Bürste, um den Welpen spielerisch an die regelmäßige Fellpflege zu gewöhnen. Die Auswahl, die der Fachhandel anbietet ist riesengroß, es werden die verschiedensten Fabrikate angeboten. Auch der Besitz eines Flohkammes ist nicht verkehrt, da ein Flohbefall nichts mit Sauberkeit und Pflege zu tun hat. Es reicht ein einfacher Kontakt beim Spazierengehen und Spielen mit anderen Hunden, die unter Flohbefall leiden. Außerdem kann man mit diesem feinzinkigen Kamm das Fell um den Augenbereich von verklebter Tränenflüssigkeit recht unkompliziert entfernen.

Sachen, die nach und nach besorgt werden können.

- Der Kauf eines Maulkorbes sollte in Betracht gezogen werden, da in manchen Ländern (Urlaub) Maulkorbpflicht in öffentlichen Verkehrsmitteln Vorschrift ist (z.B. in Österreich)

- Für die Ballenpflege ebenso wie als Pfotenschutz im Winter (vor Streusalz und Kälte) kann eine einfache Vaseline ebenso gut wie eine spezielle Pflegesalbe verwendet werden.

- Für den Anfang ein Welpenshampoo, später dann ein Hundeshampoo, bei dem darauf geachtet werden sollte, dass keine Silicone (verbergen sich auch oft hinter der Endung „-icone“ oder „-cone“) enthalten sind.

- Ein Fellglanzspray lässt nicht nur das Fell glänzender aussehen, auch Regentropfen perlen besser vom Fell ab.

- Der Fachhandel bietet spezielle Tücher für die Ohrenreinigung an, doch auch simple Babytücher finden dort ihre Verwendung genauso wie auch Wattepads und sensitives Haarwasser (für den Menschen). Um lose Haare aus den Ohren zu entfernen kann eine Pinzette Verwendung finden. Dies sollte aber mit äußerster Vorsicht geschehen! Die Haare kann man aber auch mit den Fingern entfernen.

- Eine Schere um zwischen den Ballenpolstern regelmäßig das Fell zu kürzen ebenso wie eine Schere zum Kürzen der Krallen.

- Einen Klicker für die Gehorsamkeitserziehung.

- Einen Leckerchen-Beutel für Spaziergänge, eine fest verschließbare Trinkflasche für Ausflüge, einen Kotbeutel für die Hinterlassenschaften des Vierbeiners.

- Eine Transporttasche, um den Welpen notfalls in großen Menschenmengen geschützt bei sich tragen zu können.

- Ein Hundemäntelchen gegen Regen oder Pappschnee gibt es in verschiedenen Ausführungen im Fachhandel zu erwerben, gut geeignet sind Mäntel mit Beinen.

- Wer sich für eine Hündin entschieden hat – und diese nicht aus medizinischen Gründen kastrieren lassen muss - der kann ihr für die Zeit der Läufigkeit ein Schutzhöschen besorgen, aber es sollte eigentlich nur stundenweise getragen werden.

- Ein Reinigungsspray, damit im Falle eines innerhäuslichen Malheurs die Pieselstellen neutralisiert werden können.

- Für den Sommer empfiehlt es sich eine Zeckenpinzette im Haus zu haben und dem Hund ein Ungezieferhalsband anzulegen oder auf die Haut aufzutragende Ungeziefermittel (fragen Sie Ihren Tierarzt) zu verwenden. Oder Sie versuchen es auf natürliche Basis entweder mit einem Aloe Vera-Spray oder probieren sich an einer Bernsteinkette, die Ihr Vierbeiner um den Hals trägt.

- Für nachts ist es günstig den Welpen in einem Behältnis unterbringen zu können, aus dem er nicht selbst raus kann. So ist er gezwungen sich zu melden, wenn er muss, da die Welpen ihr Nest nicht beschmutzen. Geeignet ist dafür die Autotransportbox genauso wie ein einfacher größerer Karton. Und dieser steht am Besten neben dem Bett, damit man nachts leichter merkt, wenn er raus muss.

Die Anschaffung von etwas teureren Qualitätsartikeln macht sich bald bezahlt, da sie meist stabiler sind und damit länger halten.

Es regnet – und Regen ist schlimm. Das Fell wird schnell nass und dann dauert es schon lange, bis ich wieder trocken bin!!!
Nun ja, vielleicht bin ich trocken, wenn sie mit dem nächsten Kapitel durch sind. Da geht's um die Sozialisierung beim Halter und wie es idealerweise sein sollte. Brrrr, selbst schütteln hilft nicht, um trocken zu werden. Frauchen, kannst du nicht mal kurz ein wenig föhnen? Ich muss die ganze Zeit sonst über den Teppich robben und versuchen, mein Fell trocken zu kriegen...

4.2. Sozialisation beim Halter

Die Sozialisierungsphase eines Welpen ist eine wichtige Lernphase, die nicht dem Zufall überlassen werden sollte. Diese Lernphase ist der Grundstein für die Entwicklung eines Hundes.
Bevor Sie Ihren Welpen nach Hause holen, müssen Sie einige Vorbereitungen treffen.
Reinigungsmittel, Chemikalien, zerbrechliche Gegenstände, giftige Pflanzen, kleine verschluckbare Teile und Stromkabel müssen außer Reichweite eines jungen Hundes gebracht werden.
Offene oder steile Treppen müssen eventuell durch ein Treppengitter abgesichert werden.
Sollten Sie einen Gartenteich oder einen Swimmingpool besitzen, so müssen Sie diesen natürlich umzäunen. Welpen sind von Natur aus neugierig, deshalb müssen Sie alles aus dem Weg räumen, was dem Kleinen schaden könnte. Bereiten Sie vor der Abholung des Welpen schon Plätze zum Schlafen und Fressen für ihn vor. Der Schlafplatz sollte in der Nähe der Familie sein.
Es ist wichtig, damit Sie sofort merken, wenn der Kleine wach wird und seine Notdurft verrichten muss. (Siehe Stubenreinheit. S.52)

Ab der 10. Woche tritt der neue Halter in das Leben des kleinen Welpen. Der Tag, an dem ein Welpe von seiner Mutter, seinen Geschwistern getrennt wird und sein gewohntes Umfeld beim Züchter verlässt, ist ein großes Ereignis.
Alles was ihm bisher vertraut war, verschwindet und der Welpe muss sich neu orientieren.
Der Halter als neue Bezugsperson trägt nun die Verantwortung, den Welpen in sein neues Zuhause zu bringen. Ereignisreiche Tage stehen bevor, nicht nur für den Welpen, sondern auch für die Menschen, bei denen der Vierbeiner einzieht.
Bringen Sie bei einem früheren Besuch beim Züchter ein kleines Handtuch oder ein Tuch mit, damit Sie es später bei der Abholung des Welpen mit dem Geruch der Mutter und Geschwister mitnehmen können. So fällt dem Welpen die Trennung leichter. Oft geben die Züchter auch ein für die Welpen gewohntes Spielzeug mit.

Die große Fahrt in eine neue Welt

Mit der Autofahrt ins neue Zuhause beginnt für einen kleinen Welpen ein neuer Lebensabschnitt. Alles ist ihm fremd, die neuen Menschen riechen fremd, die Stimmen sind fremd. So halten Sie den Welpen bei den ersten Autofahrten mit einer Decke oder Handtuch (am besten mit Geruch der Mutter und Geschwister) auf dem Schoß. Er wird schnell eine Bindung zu Ihnen aufbauen und sich wohler fühlen, als in einer Transportbox. Wenn der Welpe sich an seine neue Familie und das Autofahren gewöhnt hat, sollten Sie ihn aber unbedingt während den Autofahrten in einer Transportbox oder durch ein Gurtsystem sichern. Achten Sie darauf, dass der Welpe beim Züchter nicht unmittelbar vor der Abholung gefüttert wurde. Das führt oftmals dazu, dass die Welpen sich im Auto übergeben und das Unwohlsein würde der Welpe dann immer mit dem Autofahren in Verbindung bringen. Nehmen Sie aber vorsichtshalber eine Papierrolle und eine Tüte mit, damit Sie für den Notfall vorbereitet sind. Auch bei längeren Autofahrten ist es ratsam, den Welpen unterwegs nicht zu füttern. Wasser ist natürlich vor allem im Sommer sehr wichtig. Bei einer Rast kann man dem Welpen etwas Auslauf geben (natürlich nur an der Leine) und ihm Wasser anbieten. Solange der Welpe sich ruhig verhält und schläft, muss die Fahrt nicht unbedingt unterbrochen werden. Achten Sie darauf, dass die ersten Autofahrten für Ihren kleinen Liebling ein positives Erlebnis sind.

Ankunft im neuen Zuhause

Im neuen Zuhause angekommen gehen Sie erst einmal mit dem neuen Familienmitglied in den Garten, damit er sein Geschäft verrichten kann. Sollte kein Garten vorhanden sein, dann bringen Sie ihn an eine geeignete Stelle. Danach kann der Welpe das Haus oder die Wohnung erkunden. Lassen Sie ihm Zeit, in Ruhe alles zu beschnuppern und setzen Sie sich auch ruhig irgendwo nieder. Bremsen Sie eventuell Ihre Kinder, die auf den Welpen losstürmen und ihn streicheln wollen. Legen Sie die Decke mit dem Geruch der Mutter und Geschwister in sein Körbchen. Er wird sich dann hineinkuscheln, sich ausruhen und seine vielen neuen Eindrücke verarbeiten. Bitten Sie Freunde und Nachbarn, die neugierig auf Ihren neuen Hausgenossen sind, noch nicht gleich am ersten Tag zu Besuch zu kommen. Es genügt fürs Erste, wenn der Kleine erst einmal seine Familie kennenlernt. Auf jeden Fall sollten Sie darauf achten, dass jede Begegnung mit einem Menschen für Ihren Welpen ein positives Erlebnis sein sollte. Bitten Sie eventuell Besucher ihm ein Leckerchen (es genügt ein Bröckchen Trockenfutter) zu geben. Sollten Sie kleine Kinder in der Familie haben, dann bringen Sie ihnen bitte bei, den Welpen nicht hochzuheben oder mit ihm herumzulaufen, da sie ihn eventuell fallen lassen könnten.

Fütterung des Welpen

Wenn der neue Hausgenosse seine ersten Erkundungen beendet hat, sollten Sie ihm auch seinen Schlafplatz zeigen und ihm gleich etwas Futter anbieten. Eventuell ist der Welpe nun viel zu aufgeregt, um etwas zu Fressen. Das ist nicht schlimm. Wenn sich die erste Aufregung gelegt hat, dann wird er sicher Hunger bekommen.

Auf jeden Fall sollten Sie ihm das Futter geben, welches er beim Züchter gewöhnt war. Wenn er in den ersten Tagen schlecht frisst, dann weichen Sie nicht auf Leckerchen aus oder geben ihm gar etwas vom Tisch.
Die Trennung von Mutter und Geschwistern, neue Bezugspersonen, viele neue Eindrücke in der Umgebung des Welpen stellen hohe Anforderungen an den jungen Hund. In dieser Lebensphase sollte man den Verdauungstrakt nicht auch noch unnötig mit der Umstellung des Futters belasten. Ein plötzlicher Futterwechsel kann zu Verdauungsstörungen führen, deshalb sollte man wenn es nötig ist, eine Futterumstellung langsam und schrittweise durchführen. Ein guter Züchter wird Ihnen eine genaue Futteranweisung und Futter für die ersten Tage mitgeben.

Welpenerziehung

Die Erziehung Ihres Welpen beginnt an dem Tag, wo Sie ihn vom Züchter abholen.
Am besten wählen Sie einen zweisilbigen Namen für Ihren Welpen aus, damit er nicht mit einsilbigen Kommandos verwechselt werden kann.
Innerhalb der Familie sollten Sie sich auf einheitliche Kommandos einigen. Es wäre verwirrend, wenn ein Familienmitglied das Kommando „Aus“ benutzt und der nächste sagt „Pfui“ und der dritte sagt dann eventuell noch „Nein“, wobei alle Personen das gleiche meinen. Dann weiß der Welpe gar nicht mehr, was seine Menschen von ihm wollen.
Klare und konsequente Grenzen sind das A und O für den Aufbau einer guten Beziehung zwischen Ihnen und Ihrem Welpen. Gehorsamstraining soll Spaß machen. Deshalb sollten Sie den Welpen durch Belohnung erziehen, niemals durch körperliche Bestrafungen. Das Wichtigste ist, richtiges Verhalten zu fördern. Nur so bauen Sie eine starke Bindung auf und festigen eine gute Beziehung.
Da ein Welpe sehr neugierig ist und sich leicht ablenken lässt, wird es bei der Erziehung seine Zeit dauern, bis er versteht, was Sie von ihm erwarten. Ständige Wiederholungen und Geduld führen Sie zum gewünschten Erfolg. Achten Sie aber darauf, dass Kommandos stets befolgt werden.
Sie dürfen nie denken, na wenn er jetzt nicht will, dann eben nicht. Das wäre ein fataler Fehler.
Wenn Sie z.B. das Kommando „Komm“ rufen, dann muss der Welpe auch zu Ihnen kommen.
Und wenn Sie es zigmal wiederholen müssen und ihn eventuell auch mit allen Regeln der Kunst heranlocken müssen, aber er muss kommen. Niemals ein Kommando abbrechen.
Sobald der Welpe vollständig geimpft ist, ist es möglich, eine Welpenschule oder Welpenspielgruppe zu besuchen.
Sehr wichtig für einen Welpen ist ein geregelter Tagesablauf. Legen Sie Fütterungszeiten fest und wenn er stubenrein ist, auch die Lösezeiten und Spaziergänge. Auch die Pflege sollte zur gleichen Tageszeit durchgeführt werden.
Für jedes Kommando gilt aber immer dieses mit dem Namen des Hundes zu verbinden, jedoch nicht mit seinem Kosenamen, damit der Hund weiß, dass er das Kommando ernstzunehmen hat.

Der erste Tierarztbesuch

Regelmäßige Besuche beim Tierarzt sind bedeutend für eine lang anhaltende Gesundheit Ihres Welpen. Die jährliche Impfung und regelmäßigen Entwurmungen sind lebenswichtig. Bereiten Sie den Welpen gut darauf vor. Vereinbaren Sie einen behandlungsfreien Termin bei Ihrem Tierarzt und stellen Sie ihm das neue Familienmitglied kurz vor. Dabei wäre es nett, wenn die Helferinnen den Kleinen streicheln und ihm eventuell ein Leckerchen anbieten. So wird die Tierarztpraxis ihm in positiver Erinnerung bleiben. Besprechen Sie gleich die bevorstehende Entwurmung und die Nachimpfung sowie die Notwendigkeit einer Parasitenprophylaxe (Zecken, Flöhe).

Ohhh, lieber Leser, das nächste Kapitel ist dem einen oder anderen von meinen Kollegen jetzt schon ein wenig peinlich. Das ist aber auch alles ganz schwer für uns. Wissen Sie, wenn wir noch so klein sind, dann können wir das Pipi nicht unbedingt so lange einhalten. Unsere Blase ist noch nicht trainiert und wir können das noch nicht kontrollieren. Und dann kann es auch sein, dass wir vor lauter Freude pieseln. Und wenn wir älter sind, dann haben wir evtl. auch wieder ein Problem, weil im Alter die Blasenmuskulatur erschlafft. Und ja, manchmal kann man das sogar aus Protest machen. Das ist aber nicht so die Regel bei uns!
Aber lesen Sie mal im nächsten Kapitel, da wird das genau erklärt. Und ich könnte ja auch mal wieder rausgehen, aber nur zum Markieren. Ich muss gar nicht wirklich...

4.3. Stubenreinheit

Die Stubenreinheit ist nicht angeboren, sie muss dem Welpen peu a peu beigebracht werden, jedoch hält der Welpe von Anfang an sein Lager sauber. Je älter er wird, umso mehr vergrößert sich sein Revier, was er sauber halten wird. Beim Havaneser braucht man dazu reichlich Geduld, denn der Havi lässt sich oft viel Zeit, bis er verlässlich stubenrein wird. Es gibt Fälle, in denen es viele Monate gedauert hat, bis tatsächlich gar keine kleinen oder großen Geschäfte mehr in die Wohnung gemacht wurden. Andere Welpen schaffen es deutlich schneller, stubenrein zu werden. Verzweifeln sie nicht, wenn es bei ihrem Welpen länger dauert. Früher oder später wird er auch stubenrein werden.

Dazu einige Tipps:
Bringen Sie den Welpen nach jedem Fressen, Schlafen, nach Spielphasen und Autofahrten nach draußen, am besten auf einen Rasen oder weichen Untergrund und lassen Sie ihn sich dort lösen. Beobachten Sie ihn so gut wie möglich und tragen Sie ihn auch raus, sobald er anfängt unruhig zu werden oder sich im Kreis zu drehen. Loben Sie ihn überschwänglich, wenn er sein Geschäft verrichtet hat, aber nicht währenddessen, denn dann könnte er den Vorgang unterbrechen.

Beseitigen Sie die Hinterlassenschaft im Haus möglichst unbemerkt und überdecken Sie den Geruch entweder mit entsprechenden, im Fachhandel erhältlichen Sprays oder Duftstoffen wie Parfums oder Körpersprays, die Sie im Haushalt haben. Damit vermeiden Sie, dass der Welpe sich am Geruch der Hinterlassenschaft orientiert und sich an der Stelle wieder löst.

Vermeiden Sie jegliche Art von Strafen wie z.B. das Stupsen mit der Nase in Kot oder Urin oder andere Arten von körperlichen Züchtigungen. Damit würden Sie nur erreichen, dass der Welpe Angst bekäme und sich dann in Zukunft an versteckten Stellen im Haus lösen würde.

Sollte Ihr Welpe vom Züchter daran gewöhnt worden sein, sich auf Zeitungspapier oder entsprechenden Vorlagen zu lösen, dann verlagern Sie diese immer mehr in Richtung Ausgang, bis zuletzt nach draußen, um ihn so langsam zum entsprechenden Lösungsplatz zu leiten.
Bedenken Sie, dass die Schließmuskeln erst trainiert werden müssen und der Welpe erst im Laufe der Zeit in der Lage ist, diese zu kontrollieren.

Ihr kleiner Hausgenosse muss auch in der ersten Zeit nachts nach draußen gebracht werden. Günstig ist es, wenn Sie sein Körbchen neben Ihr Bett stellen und ihn nach draußen bringen, sobald er anfängt unruhig zu werden. Bewährt haben sich dafür auch Hundeboxen, so genannte Kennel, da ein Welpe nur im äußersten Notfall seinen Schlafplatz beschmutzen würde und Sie während der Nacht so eher merken, wenn er unruhig wird.

Entscheiden Sie sich für einen Kennel, dann muss der Welpe langsam an diesen gewöhnt werden, damit er diesen auch gerne als Schlafplatz akzeptiert. Dafür legen Sie ihm öfters ein Spielzeug oder Leckerli hinein und er wird sich in den meisten Fällen schnell daran gewöhnen.
Verzweifeln Sie nicht, wenn Missgeschicke passieren oder wenn Rückschläge kommen. Geduld, Lob und Belohnung zahlen sich aus, bei dem einen Hund schneller, beim anderen langsamer. Havaneser sind dafür bekannt, dass sie manchmal länger brauchen bis sie stubenrein sind, aber auch dann führt Ihr umsichtiges und geduldiges Verhalten irgendwann zum Ziel.

*Wissen Sie eigentlich, was wir super gerne machen?
Vor allem, wenn wir Welpen sind? Wir spielen für unser Leben gerne. Und ein Havaneser ist ein Hund, der möchte gerne gefordert werden. Wussten Sie, dass wir früher im Zirkus auftraten? Weil wir so lernfähig sind. Und es gibt doch gar nichts Schöneres als sich mit anderen Hunden zu treffen und dann über die Wiese zu flitzen. Und auch für die Halter kann es ganz hilfreich sein, wenn wir in eine Hundeschule gehen. Denn da bekommen sie beigebracht wie man hundisch spricht! Doch wirklich, glauben Sie mir. Oft liegen die Konflikte nämlich darin, dass wir nicht richtig verstanden werden. Schauen Sie mal, ich erkläre Ihnen das mal.*

4.4. Welpengruppe und Hundeschule

Von der Geburt an und in den ersten Lebenswochen übernimmt die Hundemutter die Erziehung der Welpen. Sobald der Hund im Alter von 8-10 Wochen bei Ihnen einzieht, liegt es an Ihnen, diesen Teil zu übernehmen. Nehmen Sie die richtige Erziehung des Welpen sehr ernst, denn nur so werden Sie und auch der Hund viel Freude am gemeinsamen Zusammenleben haben. Unerlässlich dabei ist, dass der Hund Sie als Rudelführer und die anderen Familienmitglieder als ranghöhere Rudelmitglieder anerkennt, da es ihm von Natur aus nicht gegeben ist, in einer Demokratie zu leben. Sie müssen also erreichen, dass Sie der Boss sind und den Hund führen und leiten. Im Klartext bedeutet dies, dass Sie die Regeln für das gemeinsame Zusammenleben aufstellen. Sie bestimmen wann gefressen wird, Sie bestimmen wann gespielt wird und Sie stellen die im Rudel geltenden Regeln auf. Dabei ist Konsequenz die oberste Regel! Ihr vierbeiniger Freund wird des Öfteren versuchen, die Rudelführung zu übernehmen und nur ein konsequentes Verhalten Ihrerseits kann dies verhindern. Wichtig bei der Erziehung ist, dass gewolltes Verhalten belohnt und nicht gewolltes Verhalten ignoriert, bzw. durch ein Schlüsselwort wie „Nein" unterbunden wird. Versucht der Welpe gerade Ihr Sofa anzukauen, ist es natürlich nicht sinnvoll, dieses Verhalten zu ignorieren. Unterbrechen Sie ihn mit einem scharfen „Nein" und bieten Sie ihm eine Alternative in Form eines Kauknochens an. Wendet er sich diesem zu, loben Sie ihn. Sollte das „Nein" den Welpen nicht dazu bewegen von seinem Vorhaben abzulassen, können Sie ihm auch ganz leicht in den Nacken stupsen, um die Aufmerksamkeit zu bekommen. Beobachten Sie den Welpen ganz genau, denn jedes nicht gewollte Verhalten sollte schnell unterbunden und natürlich auch jedes gewollte Verhalten schnell gelobt werden.

Ein wichtiger Faktor der Erziehung ist das Erlernen des Grundgehorsams. Man kann nicht früh genug damit anfangen, dem Hund die wichtigsten Befehle wie „Sitz", „Platz", „Komm", „Fuß" usw. beizubringen. Es gibt dabei natürlich verschiedene Methoden und die hier erläuterten sollen nur als ein Beispiel von vielen dienen.

So kann man warten bis der Welpe sich aus eigenem Antrieb heraus hinsetzt und genau in dem Moment, in dem er sich setzt, in einem ruhigen und freundlichen Tonfall den Befehl „Sitz" aussprechen und ihn sofort belohnen. Machen Sie das einige Male und Sie werden sich wundern, wie schnell der Hund das Kommando „Sitz" mit der erwünschten Handlung verknüpft. Mit dem Kommando „Platz" verhält es sich ebenso. Warten Sie, bis sich der Hund ablegt und während er sich legt geben Sie den Befehl „Platz" und belohnen ihn unmittelbar. Die meisten Hunde sind absolut bestechlich und mit einem begehrten Leckerchen in der Hand wird Ihr Hund fast alles für Sie tun und wird, mehr oder weniger schnell, das jeweilige Grundkommando mit der von ihm erwarteten Handlung in Verbindung bringen. Wichtig dabei ist, dass die Belohnung innerhalb weniger Sekunden erfolgen muss, ansonsten ist es dem Hund nicht möglich, die gewünschte Verknüpfung herzustellen.

Ein wichtiges Kommando, das im Hinblick auf das Laufen ohne Leine auf jeden Fall sitzen sollte, ist das auf Abruf sofortige Zurückkommen zum Hundehalter. Ein Welpe wird sich in der Regel nicht weit von Ihnen entfernen, aber mit der Zeit wird fast jeder Hund abenteuerlustiger und entfernt sich auch mal weiter von Herrchen oder Frauchen. Üben Sie früh genug den Befehl „Komm", damit der Hund auch in Gefahrensituationen zuverlässig abrufbar ist, zu Ihnen kommt und an Ihrer Seite bleibt. Auch hier können Sie eine Situation, in der sich der Welpe ein Stück von Ihnen entfernt ausnutzen.

Rufen Sie seinen Namen und machen Sie sich so interessant (präsentieren Sie ihm vielleicht ein Leckerchen oder auch ein Spielzeug), dass er aus eigenem Antrieb zu Ihnen läuft und geben Sie ihm dabei den Befehl „Komm". Empfangen Sie ihn freudig und mit einer Belohnung, so dass es für ihn das Tollste sein wird, zu Ihnen zu kommen. Wenn der Hund den Befehl bereits kennt und mal nicht so schnell auf den Abruf reagiert, dürfen Sie auf gar keinen Fall schimpfen, egal wie unzufrieden oder sauer Sie vielleicht sind. Der Hund wird ansonsten ganz schnell registrieren, dass es nicht so toll ist, wenn er zu Ihnen kommt und sich verständlicherweise lieber mit anderen Dingen beschäftigen. Stellt der Hund die Ohren auf Durchzug und reagiert nicht auf den ihm bekannten Befehl „Komm" drehen sie sich auch einfach mal um und gehen. In den meisten Fällen wird der Hund Ihnen ganz schnell folgen, was ihm dann natürlich wieder eine Belohnung einbringen wird. Sitzen einzelne Befehle schon recht sicher, muss es auch nicht immer ein Leckerchen sein. Die meisten Hunde freuen sich auch über ein kleines Spielchen oder eine Streicheleinheit als Lob. Sie dürfen nicht enttäuscht sein, wenn nicht immer alles auf Anhieb klappt und sollten den Hund auch nicht überfordern. Üben Sie lieber immer nur ein paar Minuten mehrmals über den Tag verteilt als eine Stunde am Stück. Der Hund wird sich so besser konzentrieren und die Übungen machen beiden Seiten deutlich mehr Spaß. Viele Hundehalter wundern sich, wenn der Hund ab dem 6. Lebensmonat plötzlich alles Erlernte vergisst und scheinbar taub geworden ist. Sie sind dann mit großer Sicherheit in der Pubertät angelangt, die Sie einiges an Nerven kosten kann. Der Hund hat scheinbar noch nie etwas von „Sitz" gehört, der Befehl „Komm" wird natürlich auch ignoriert und im Rudel wird verstärkt versucht, den eigenen Rang zu erhöhen. Verlieren Sie nicht die Nerven, seien Sie konsequent und lassen Sie sich vor allem nicht auf der Nase rumtanzen. Die Pubertät kann durchaus bis zu einem Alter von 1-1,5 Jahren anhalten, aber da müssen Sie und der Vierbeiner einfach durch und auch diese Phase wird einmal vorbei sein.

Im Vergleich zu anderen Hunderassen ist der Havaneser ein recht leicht zu erziehender Geselle. Er lernt gerne und schnell, ist clever und bringt durchaus mehr auf die Beine als das Erlernen des Grundgehorsams in Form von „Sitz", „Platz", „Fuß", „Komm" und ähnlichen Kommandos. Sobald das neue Familienmitglied eingezogen ist, sollten Sie sich aber trotzdem darüber Gedanken machen, ob Sie mit Ihrem Vierbeiner eine Hundeschule besuchen möchten. Gerade für Welpen ist dies aus mehreren Gründen sehr zu empfehlen. Neben dem Kontakt zu anderen Hunden und der damit verbundenen Förderung eines guten Sozialverhaltens werden in speziellen Welpengruppen meist schon die wichtigsten Grundbefehle spielerisch erlernt. Dabei ist oft nicht nur der Hund der Schüler, gerade unerfahrene Hundehalter werden sich selber des Öfteren wie auf der Schulbank vorkommen, dabei aber viele Dinge lernen, die eine erfolgreiche und sinnvolle Erziehung ermöglichen. Neben praktischen Übungen erfährt der Mensch viel über die Kommunikation der Hunde untereinander, aber auch über die Kommunikation, bzw. die Kommunikationsprobleme zwischen Hund und Mensch.

Viele Hundeschulen beschränken die Trainingsstunden nicht nur auf Übungen auf dem Hundeplatz, oft werden Ausflüge in die Stadt, in den Wald oder andere öffentliche Orte unternommen, bei denen Hund und Halter das richtige Verhalten – auch in stressigen Situationen – erlernen. Nichts ist nerviger, als ein in der Fußgängerzone von links nach rechts Zickzack laufender Hund, der sich von all den verschiedenen Eindrücken so ablenken lässt, dass ein normales gemeinsames Gehen von Hund und Halter fast unmöglich wird.

Bei der Auswahl einer geeigneten Hundeschule lohnt sich auf jeden Fall ein Vergleich. Die meisten Hundeschulen verfügen über eine informative Homepage, die schon viel über die jeweilige Philosophie verrät. Sie sollten sich aber keinesfalls scheuen im Vorfeld einen Termin zu verabreden und sich die Hundeschule sowie die Trainer und Trainingsmethoden mal ganz genau aus der Nähe anzuschauen. Sie sollten auf jeden Fall daran denken, dass die Berufsbezeichnung „Hundetrainer" nicht geschützt ist und sich daher jedermann so nennen darf. Auch eine „Schnupperstunde" ohne Hund ist oft möglich, dabei kann man sich ganz ohne Stress ein Bild vom Ablauf einer Stunde machen. Ein Tabu bei der Auswahl sollten Hundeschulen sein, die Stachel- oder Würgehalsbänder oder andere Arten von Gewalt einsetzen. Moderne Hundeschulen arbeiten mit Belohnungen und verzichten komplett auf jegliche Anwendungen von Gewalt. Auf die Frage, ob für bestimmte Hunderassen die oben genannten „Erziehungshilfen" sinnvoll sind oder nicht soll hier nicht näher eingegangen werden, für die Erziehung eines Havanesers ist Anwendung von Gewalt aber absolutes Tabu.

Viele Welpenbesitzer kleinerer Hunderassen klagen darüber, dass der eigene Welpe von größeren Rassen in der Welpengruppe einfach überrannt wird und beim gemeinsamen Spiel die Kräfteverteilung einfach zu unterschiedlich ist. Man kann sich leicht vorstellen, dass ein 10 Wochen alter Havaneserwelpe und eine gleichaltrige Deutsche Dogge größenmäßig nicht viel gemein haben. Einige Hundehalter sind nicht sehr erfreut, wenn die eigene Handvoll Hund gerade unter einem größeren Exemplar verschwindet und vielleicht ständig in das „Welpenspiel" eingegriffen werden muss. Daher bieten immer mehr Hundeschulen spezielle Angebote für kleine Hunderassen an, die von den Kleinhundebesitzern auch gerne in Anspruch genommen werden. Zwingend notwendig ist die Auswahl einer Hundeschule mit einem solchen Angebot natürlich nicht, es gibt genügend gute Hundeschulen, deren Welpengruppen aus großen und kleinen Rassen bestehen und alle Beteiligten ihren Spaß dabei haben.

Neben den üblichen Gruppenstunden oder aber auch Einzelstunden bieten viele Hundeschulen ein mehr oder weniger breit gefächertes Angebot verschiedener Aktivitäten an. So können Sie sich mit Ihrem Havaneser vielleicht einmal in Agility versuchen oder sich damit überraschen lassen, wie gut ihr Hund im Fährtenlesen ist. Fakt ist, dass in vielen Fällen sowohl Hund als auch Halter viel Spaß in der Hundeschule haben und in der Regel beide Seiten von der Unterstützung in Sachen Erziehung oder Beschäftigung profitieren.

Ach so, und etwas ganz Wichtiges hätte ich jetzt fast vergessen: Wissen Sie jetzt eigentlich, ob Ihr Hund ein Halsband oder lieber ein Geschirr tragen soll. Das ist auch immer so eine Geschichte. Lesen Sie, was es für Punkte zu beachten gibt.

4.5. Leine, Halsband und Geschirr

Am liebsten würden die Havaneser nur frei laufen, allerdings gibt es Situationen, in denen es angebracht ist, sie an die Leine zu nehmen. Es gibt ihnen Schutz, weil sie vor lauter Begeisterung im Leben oftmals den Unterschied zwischen Wald und Wiese und befahrenen Straßen vergessen. In solchen Situationen ist es gut, wenn die Havaneser die Leine spüren und dadurch die Verbindung zu Herrchen und Frauchen haben. Wenn Sie Ihrem Hund ein schönes Halsband kaufen, dann wird es mit Stolz getragen und macht das Haarkleid weniger kaputt als ein Geschirr. Sehr gerne hat Ihr Hund es, wenn Sie es ihm nachts abnehmen. Ein Geschirr wird oftmals empfohlen. Vielleicht ist es für Welpen gut, doch sollten Frauchen bzw. Herrchen daran denken, dass die Kleinen schnell wachsen, und das Geschirr entsprechend nachgestellt werden muss, damit es nicht zu eng ist. Das Gleiche gilt auch für das Halsband, es sollten immer bequem zwei Finger zwischen Hals und Halsband passen.

Ein Havaneser ist grundsätzlich sehr leicht zu erziehen, wobei es wichtig ist, dass er versteht, dass ein „Ja" auch „Ja" bedeutet, genauso wie ein „Nein" ein „Nein" bedeutet. Mit dem Geschirr legen sie sich oft richtig ins Zeug, so dass die Gefahr besteht, dass sie anfangen zu ziehen.
Mit einem Halsband begreift der Hund schneller, dass er nicht ziehen soll.

Die aus meiner Sicht schlimmste Kombination ist Geschirr und Flexileine. Mit einer solchen ausziehbaren Leine hat man auf die Hunde keinen direkten Einfluss, weil sie keinen Druck verspüren und durch die lange Leine vermeintlich frei laufen. Durch die Flexileinen sind bei Kleinhunden sogar schon Unfälle passiert, wenn z.B. die Flexi ganz ausgezogen ist und der Hund auf der anderen Straßenseite etwas sieht oder riecht. In diesem Moment ist er nicht mehr in Ihrem Kontrollbereich und Sie können sich vermutlich vorstellen, was passiert wenn er über die Straße rennt und ein Auto in die ausgezogene Leine fährt. Ganz abgesehen davon, was passieren kann, wenn sich mehrere Hunde mit ausgezogener Flexi ineinander verheddern.
Auch das Einfahren der Flexi stellt sich oft bei Kleinhunden als problematisch dar. Die einfachste Empfehlung lautet daher, Ihren Havaneser gut zu erziehen, was im Vergleich mit anderen Rassen einfacher ist. Sie leinen Ihren Hund an eine normale, ca. 1 m kurze Leine und einem Halsband an. Am liebsten hat es Ihr Havaneser, wenn er frei laufen darf. Ansonsten läuft er am besten Fuß (was er gut kann), mit leicht durchhängender Leine. Die Flexi ist dann in Ordnung, wenn es sich um läufige oder verletzte Tiere handelt.

Wollen Sie mich weiter begleiten?
Es geht jetzt um die Fellpflege. Dazu möchte ich selbst ein wenig schreiben. Ein Havaneser an sich ist wirklich ein ganz gutmütiger Hund. Beim Kämmen allerdings, da könnten Sie ein wenig mit Problemen rechnen. Ich mag das Kämmen selber auch nicht wirklich. Das ziept und zippt und manchmal bin ich dann auch richtig genervt. Es tut nämlich weh. Mein Frauchen hat das aber ganz gut begriffen. Ich muss ja gekämmt werden, das ist wichtig. Und im nächsten Kapitel steht auch warum. Also bitte geben Sie nicht auf, auch wenn Sie verzweifeln, die Zeit des Verfilzens geht auch vorbei.
Aber lesen Sie erstmal auf der nächsten Seite, wovon ich hier überhaupt belle.

4.6. Tipps zur Pflege eines Havanesers

Die Fellpflege beim Havaneser ist nicht gerade unerheblich. Es ist ganz wichtig, dass der Welpe von klein auf täglich mit dem Bürsten vertraut gemacht wird, damit er lernt sich in jeder gewünschten Lage bürsten und pflegen zu lassen. Hilfreich ist es auch, die Dauer des Kämmens langsam und behutsam zu erhöhen. Hierzu sollte man ein Gespür für den Welpen entwickeln, es sollte niemals in Stress oder sogar einen Machtkampf ausarten. Hilfreich ist es immer dann aufzuhören, solange der Welpe es noch duldet und nicht zu warten, bis er keine Lust mehr hat. Dann muss auch sofort eine positive Verstärkung wie Lob und ein besonderes Leckerchen folgen. Natürlich wird dem Welpen erst einmal langweilig beim Kämmen sein und er versucht zu spielen oder sogar in den Kamm zu beißen. Dieses sollte allerdings sofort mit einem „Nein" unterbunden werden. Gespielt kann nach dem Kämmen werden, dieses wäre dann eine zusätzliche Belohnung für den Hund. Der Welpe wird so ganz schnell lernen, dass die Fellpflege nichts Schlimmes ist und oft wird dabei sogar ein Nickerchen gemacht.

Wenn der Havaneser vom Welpenfell ins Erwachsenenfell wechselt, welches ca. zwischen dem 9. und dem 15. Monat stattfindet, verfilzt das Fell ziemlich stark. Dann muss der Havi jeden Tag gekämmt werden, was auch durchaus eine Stunde dauern kann. Kämmt man dann nicht konsequent gründlich bis auf die Haut, wird der Filz zu stark und die Haut kann nicht mehr atmen. Juckreiz entsteht, und in den meisten Fällen bleibt einem leider nichts anderes übrig, als dem Hund beim Hundefriseur das Fell bis auf die Haut runter scheren zu lassen.
In dieser Zeit denkt man natürlich darüber nach, muss ich dem Hund das antun? Ist es nicht einfacher für den Hund und für mich das Fell im Vorfeld kürzen zu lassen?
Nun ja, etwas einfacher wird es mit der Fellpflege werden, aber nicht viel, denn das Fell wird in der Zeit vom Fellwechsel trotzdem verfilzen. Deshalb ist es wirklich wichtig, den Welpen rechtzeitig an die Pflege zu gewöhnen.

Sollte man so gar nicht mit dem Haarkleid zurechtkommen, dann gibt es auch Halter, die das Fell des Havanesers kürzen lassen. Dabei sollte darauf geachtet werden, dass dies von einem Fachmann gemacht wird, ansonsten kann es passieren, dass Ihr Hund nachher „geschoren" aussieht und das ist nicht mehr havanesergerecht.
Gekürzt kann das Haarkleid so aussehen wie auf dem Bild unten auf dieser Seite.

Wenn sich das Haarkleid voll entwickelt hat, (mit ca. 1,5-2 Jahren) wird es merklich einfacher mit der Fellpflege. Dann reicht ein zweimaliges gründliches Bürsten die Woche aus. Wobei es natürlich immer auf die Beschaffenheit des Fells ankommt.

Die Fellpflege

Am einfachsten ist es, den Hund zu kämmen, wenn er auf der Seite liegt. Das Deckhaar wird nun grob nach oben gekämmt. Dann kann man an der Unterseite des Bauches anfangen zu kämmen und sich Scheitelweise bis zum Rücken vorarbeiten. Die Kammstärke richtet sich nach der Beschaffenheit des Fells.

Das Gleiche wird nun auf der anderen Seite wiederholt. Zu guter Letzt wird dann der Rest des Hundes gekämmt, wie Brust, Beine, Schwanz und Kopf. Es ist ganz wichtig, immer darauf zu achten, dass bis auf die Haut gekämmt wird, weil das Haar am Ansatz schnell verfilzt. Eine ganz beliebte Stelle für Filz ist unter den Achseln, die man beim Bürsten schnell vergessen kann. Einen Filzknoten löst man, indem man ihn am Haaransatz fest hält und so lange mit einer feinen Drahtbürste (Zupfbürste) mit gebogenen Zinken darüber kämmt bis er sich gelöst hat.

Hilfreich ist es auch, eine Kämmhilfe auf den Filzknoten zu sprühen oder ihn mit etwas Babypuder zu bestäuben. So lassen sich die Haare leichter entwirren und ausbürsten.
Zum Schluss kann mit einer Naturhaarbürste nachgekämmt werden, diese verleiht dem Haarkleid einen schönen Glanz.

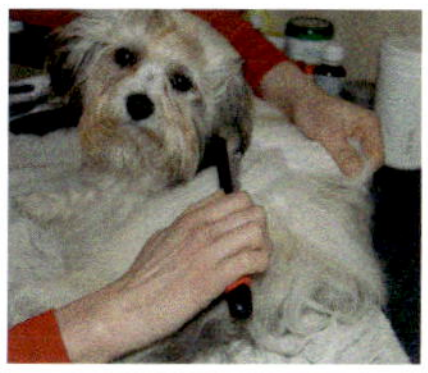

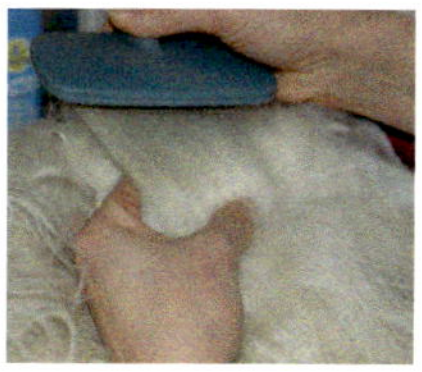

Die Fußpflege

Bei langhaarigen Hunden ist es ganz wichtig darauf zu achten, dass die Fußballen immer frei geschnitten sind, damit sie ihre Trittsicherheit behalten und nicht auf glatten Bodenbelägen wegrutschen. Ansonsten können Verletzungen entstehen. Hierfür eignet sich am Besten eine abgerundete Schere um den Hund nicht zu verletzen.
Frei geschnitten sollten die Ballen dann so aussehen:

Wenn der Hund nicht genug Gelegenheit hat, sich die Krallen auf natürlichem Wege abzulaufen, z.B. auf geteerten Straßen, müssen die Krallen mit einer Krallenzange gekürzt werden.
Das heißt, wenn der Hund steht, sollten die Krallen nicht den Boden berühren.
So sieht eine gut abgelaufene Kralle aus, an der nichts abgeschnitten werden muss.
Bei hellen Krallen kann man sehr gut erkennen wie weit die durchblutete Zone reicht.
Es ist darauf zu achten, dass diese Blutgefäße beim Kürzen der Krallen nicht verletzt werden.

Bei schwarzen Krallen ist es sehr schwer zu erkennen, wie weit geschnitten werden darf.
Wenn man sich unsicher ist, kann man diese auch kürzer feilen oder lässt sie von einem Tierarzt oder Hundefriseur kürzen. Auf die Daumenkralle muss gerade bei langhaarigen Rassen immer geachtet werden. Sie kann von den Hunden nicht abgelaufen werden, da sie keine Bodenberührung hat. Wird sie zu lang, können sich die Haare darum wickeln und z.B. beim Spielen abgerissen werden, was für den Hund sehr schmerzhaft ist.

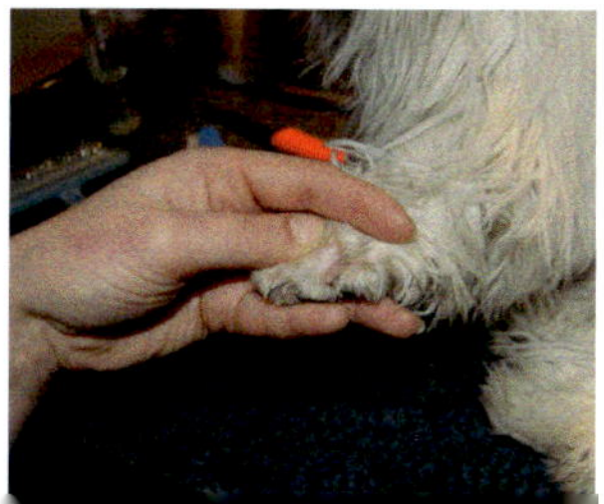

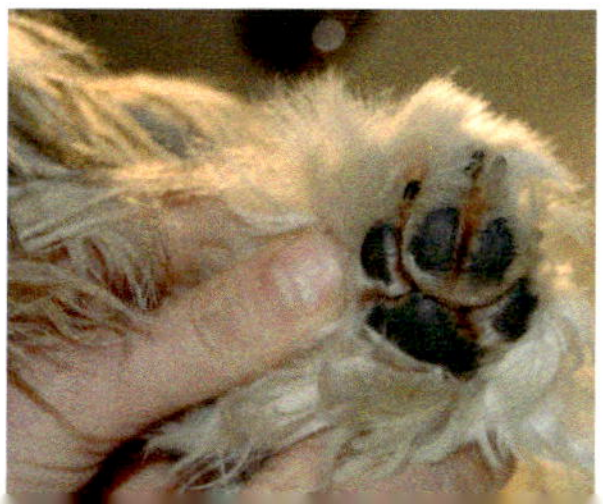

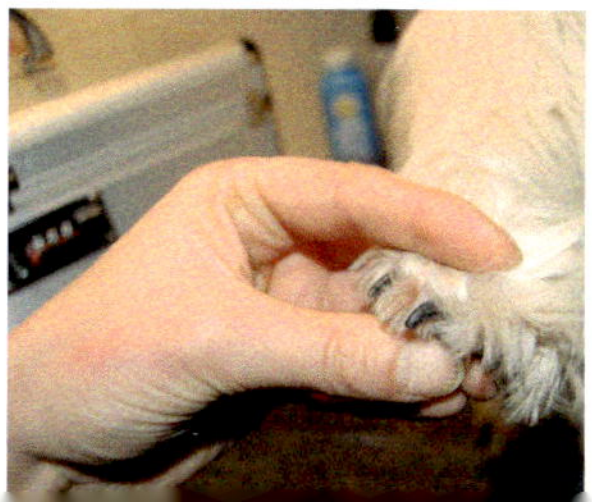

Die Augenpflege

Hierzu kann man einige Tropfen von einem besonders milden Augenreiniger auf einen Wattepad geben und damit die Augenpartie säubern. Achten Sie streng auf die Verträglichkeit, riskieren Sie keine Verletzungen oder Reizungen. Die restlichen eingetrockneten Stellen werden mit dem Flohkamm oder einem anderen feinzahnigen Kamm ausgekämmt (spezieller Gesichtskamm).
Bei Welpen sind die Haare zwischen dem Nasenrücken und den Augen noch nicht lang genug, dass sie von alleine herunterhängen. Man kann diese mit Vaseline oder Melkfett herunterstreichen, damit sie nicht in den Augen pieksen. Wenn die Haare eine gewisse Länge erreicht haben, hängen sie sich automatisch nach unten und stören dann nicht mehr. Daher ist es besser, die Haare an dieser Stelle nicht zu schneiden.
Sollte ein Welpe nach dem Umzahnen immer noch unter ständigem Tränenfluss leiden, wäre es ratsam, dieses durch einen Tierarzt abklären zu lassen. Es kann sein, dass die Tränenkanäle verstopft sind oder Haare im inneren Augenlid wachsen (Distichiasis). Der Tierarzt kann dann leicht Abhilfe schaffen, damit die Augen nicht unnötig gereizt werden.

Die Ohrenpflege

Die Ohren sollten regelmäßig untersucht werden, ob sich eventuell zu viele Haare oder auch Schmutz im Gehörgang befinden. Ein paar Haare dürfen ruhig im Ohr sein (sie übernehmen eine gewisse Schutzfunktion, dass nicht soviel Schmutz in den Gehörgang gelangen kann). Wenn aber zu viele Haare im Ohr sind, kann keine Luft hinein und es kann dadurch leicht zu Ohrenentzündungen kommen. Dieses bemerkt man, wenn die Ohren übel riechen.
Das Auszupfen ist, wenn man es richtig macht, nicht schmerzhaft für den Hund. Bei Unsicherheit ist es besser, sich alles genau von einem Hundefrisör zeigen zu lassen. Zum Zupfen bestäubt man sich die Fingerspitzen mit Babypuder. Da die Haare fettig sind, würden sie sonst durch die Finger gleiten. Man braucht keine Angst zu haben, dass man dem Hund damit weh tut, das Zupfen merkt er kaum. Danach kann das Ohr, wenn nötig, mit einem milden Ohrreiniger gereinigt werden. Dies sollte wirklich nur gemacht werden, wenn sich Schmutz im Gehörgang befindet, denn die Haut würde dadurch sonst unnötig gereizt werden.

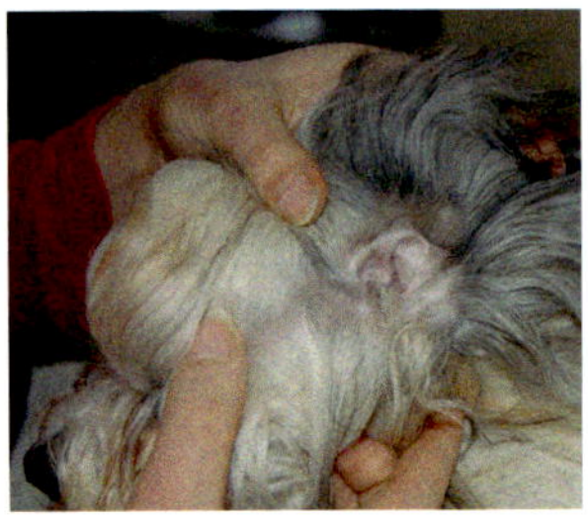

Vor dem Zupfen

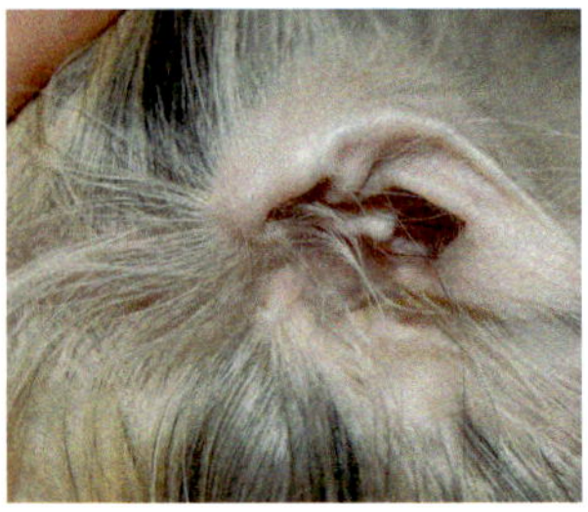

Nach dem Zupfen

Das Baden

Auch ein Havaneser sollte nicht öfter als nötig gebadet werden. Meistens reicht es schon aus, ihn mit klarem Wasser abzuspülen. Bevor man einen Havaneser badet, muss er gründlich durchgebürstet und von möglichen Filzstellen befreit werden. Das ist wichtig, da sonst die verfilzten Haare nicht richtig gesäubert werden und die Haarkur nicht richtig einwirken kann.

Dann wird das Haar des Hundes an allen Stellen gut durchnässt, bevor er mit einem guten Hundeshampoo eingerieben wird. Es muss darauf geachtet werden, dass kein Seifenwasser in die Augen oder den Gehörgang gelangt. Anschließend wird das Shampoo wieder gründlich ausgespült. Zu guter Letzt wiederholt man das Gleiche nochmals mit einer guten Haarspülung für Hunde, um das anschließende Bürsten zu erleichtern und die Haare länger filzfrei und pflegeleichter zu haben. Das lange Fell muss bei kaltem Wetter geföhnt werden, da der Hund sich sonst schnell erkälten kann. Hierbei trocknet das Fell schneller, wenn man es kämmt. Und man erkennt im nassen Zustand die Filzknoten besser, wenn man vorher noch welche übersehen hat.

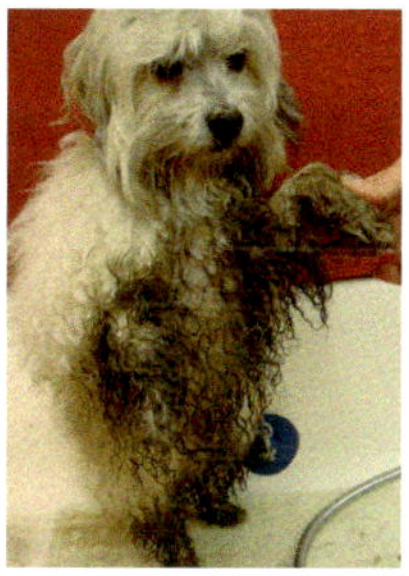

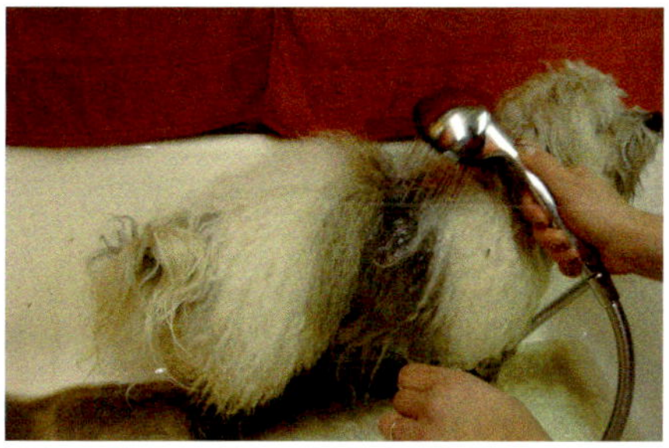

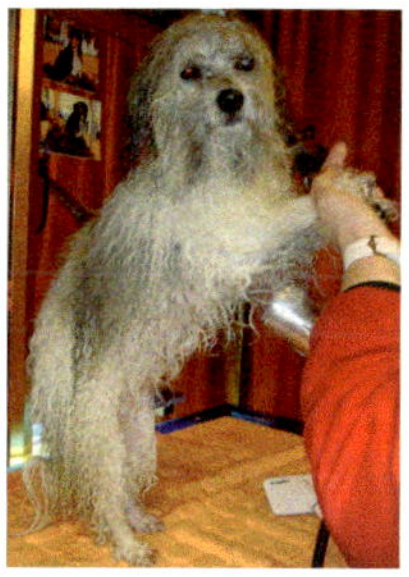

Wissen Sie jetzt, was ich eben meinte?
Wir kleinen Hunde sind doch ein wenig schwieriger, als Sie vielleicht angenommen haben. Aber wenn Sie das mit der Fellpflege ein wenig beherzigen, dann haben Sie im Grunde gar nicht soviel Arbeit wie Sie das gerade annehmen. Und hier haben wir auch die Erklärung für die Bezeichnung „Kubanisches Seidenhündchen“: Wir haben ein Fell wie aus Seide; wenn man es lang wachsen lässt und ein paar Stunden in die Pflege investiert!
Nein, nicht so nachdenklich jetzt. So kompliziert wie das vielleicht auch sein könnte, aber Sie und ich, wir schaffen das bestimmt. Und ein Hundefriseur kann Ihnen und mir auf jeden Fall auch ganz genau anschaulich erklären, wie Sie mit meinem Fell am besten umgehen.
Ich habe mein Frauchen gerade schon nach mir rufen hören und ich weiß, was jetzt auf mich zukommt. Wenn mir was nicht gefällt, dann ist mein Schwanz nicht in die Höhe gerichtet, sondern hängt matt runter. Wissen Sie, wie ich jetzt zu Frauchen schleiche? Ja, mein Schwanz hängt.
Ich muss zum Kämmen.

Sehe ich nicht toll aus?
Bin ich nicht einfach umwerfend?
Frisch gekämmt, mein Fell glänzt, ich habe keinen einzigen Filzknoten mehr. Ich habe auch nur viermal versucht die Bürste zu beißen. Ich mag das nicht an den Pfoten, das kitzelt. Und auch unter dem Bauch. Wussten Sie, dass wir auch kitzelig sein können?

Jetzt kommen wir zu einem schmerzhaften Kapitel, dem Zahnwechsel. Ohh neee, wissen Sie. Das ist echt schon mal schlimm. Also mir hat das wirklich weh getan. Aber ich habe auch Kollegen gehabt, die haben die Zähne einfach so ausgespuckt oder sogar runtergeschluckt. Schön ist es, wenn man die Zähne ausspuckt. Dann freuen sich Frauchen oder Herrchen ganz doll.
Ich lese das nächste Kapitel nicht mit Ihnen, ich gehe lieber und pflege meine Zähne, damit ich damit nicht so schnell ein Problem bekomme. Ich such mir mal einen schönen Kauknochen oder vielleicht hat Frauchen ja einen Dentalknochen zur Pflege. Bis gleich...

4.7. Zahnwechsel

Das Milchgebiss des Welpen besteht aus 28 Zähnen. Die ersten Zähne brechen im Alter von drei bis vier Wochen im Unterkiefer durch und das Milchgebiss ist mit ca. sechs Wochen fertig.
Es besteht aus jeweils sechs Schneidezähnen, zwei Fangzähnen und sechs Prämolaren im Ober- und Unterkiefer. Milchzähne sind wesentlich spitzer als die bleibenden Zähne und jeder Zahn besteht aus Krone, Wurzel und Zahnhöhle.
Im bleibenden Gebiss finden sich jeweils sechs Schneidezähne, zwei Fangzähne, acht Prämolaren (vordere Backenzähne) im Unter- und im Oberkiefer und sechs Molaren (Backenzähne) im Unter- und vier Molearen im Oberkiefer, also insgesamt 42 Zähne.
Dabei bilden der vordere vorletzte Backenzahn im Oberkiefer und der vordere letzte Backenzahn im Unterkiefer jeweils die Reißzähne.

Abb. 1

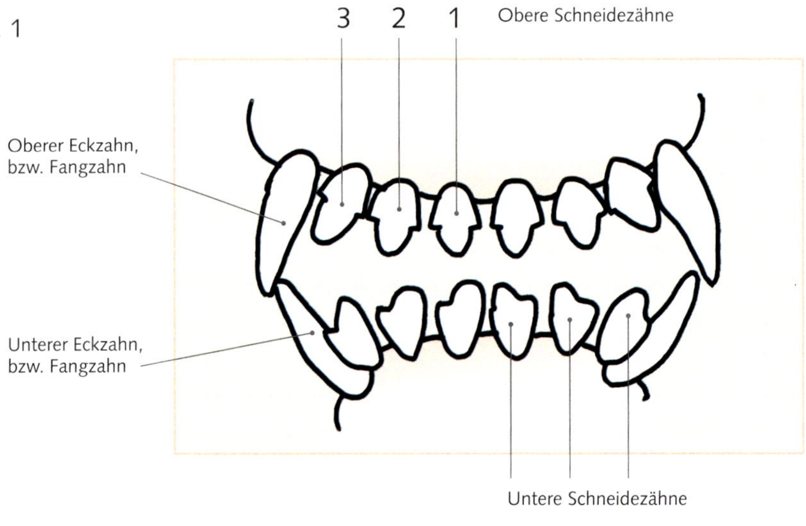

Abb. 1: Gebiß von Vorne / Seite 63 – Abb. 2: Gebiß im Querschnitt,
Seite 63 – Abb.3: Vorbiß in der Seitenansicht (Fehlstellung – kein korrekter Scherenbiß!)

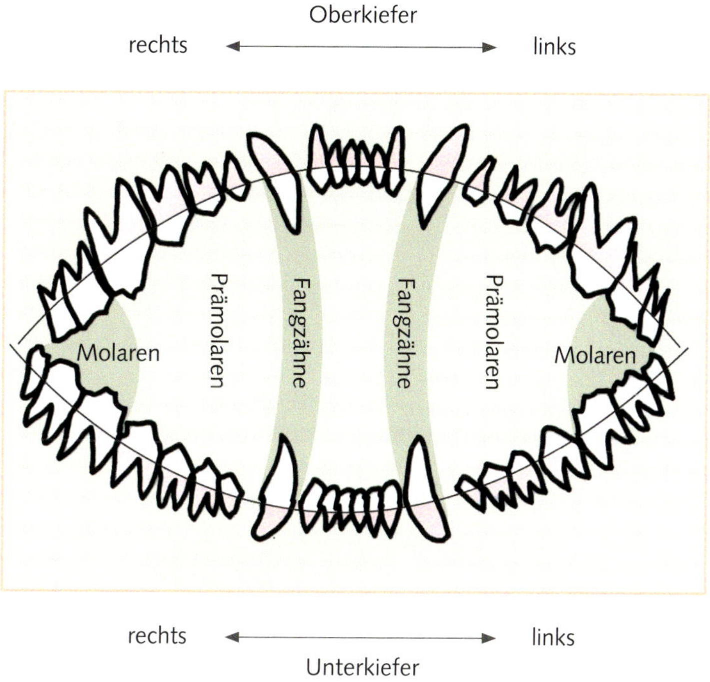
Oberkiefer
rechts
links
Molaren
Prämolaren
Fangzähne
Fangzähne
Prämolaren
Molaren
rechts
links
Unterkiefer

Abb. 2

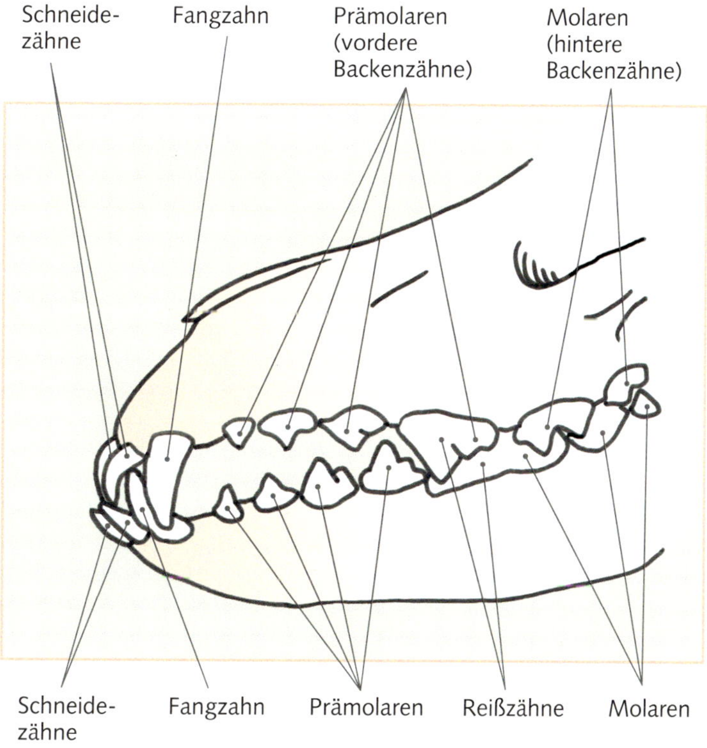
Schneide-
zähne
Fangzahn
Prämolaren
(vordere
Backenzähne)
Molaren
(hintere
Backenzähne)
Schneide-
zähne
Fangzahn
Prämolaren
Reißzähne
Molaren

Abb. 3

Der Zahnwechsel, der meist zwischen dem 3. und 7. Lebensmonat stattfindet, ist kein ganz unproblematischer Vorgang. Die Milchzähne besitzen auch bereits Wurzeln, die beim Fangzahn sogar sehr lang sind, die durch das Nachwachsen der bleibenden Zähne und deren Druck resorbiert werden. Da das für den Welpen oft sehr schmerzhaft ist, kann ihm dies durch Kauen von Knochen und spielerische Maßnahmen wie Zerrspiele erleichtert werden.
Dabei ist zu beachten, dass persistierende Milchzähne gezogen werden müssen, damit es nicht zu Zahnfehlstellungen kommt. Das ist bei Kleinhunderassen häufig der Fall bei den Fangzähnen. Regelmäßiges Bewegen der Milchzähne, kann zu schnellerer Resorption führen und den natürlichen Zahnwechsel fördern. Der Hund sollte im Alter von sechs bis sieben Monaten beim Tierarzt vorgestellt werden, damit dieser die Entwicklung des Gebisses beurteilen kann.

Die normale Bissstellung des Havanesers ist das Scherengebiss, bei dem die Zähne des Oberkiefers, außer den hinteren Backenzähnen, über die unteren Zähne ragen.
Zahnfehlstellungen wie z.B. Vorbiss oder fehlende Zähne können zum Zuchtausschluss führen.

Nach soviel „Medizinischem" ist jetzt Kuschelzeit mit meinem Kumpel!

5. Leben mit dem Havaneser

Gucken Sie mal. Sind meine Zähne schön sauber? Das finde ich aber auch. Und so verhindere ich auch Zahnstein, wenn ich öfters so einen schönen Knochen benage. Frisch gekämmt und mit schönen Zähnen wandere ich jetzt weiter mit Ihnen zum Kapitel Ernährung.
Um es vorweg zu sagen, wir Havaneser sind, was das Fressen angeht, kleine Leckermäulchen. Wir fressen nicht alles, was man uns vorsetzt. Und um Sie manchmal so richtig zu verwirren, fressen wir an einem Tag mit Heißhunger das frisch gekaufte, neue Futter und am nächsten Tag rümpfen wir die Nase. Sie können Glück haben und einen einfachen Artgenossen meiner Rasse zu Hause haben, der ist dann auch recht unproblematisch.
Aber ich gehöre zu der Rasse: „Nö, ich möchte das heute nicht. Gestern war es okay, heute hätte ich lieber was anderes.“ Aber lesen Sie selbst:

5.1. Ernährung des Havanesers

Es ist kaum mehr zu glauben, dass ein Havaneser vom Wolf abstammt, da er vielmehr an einen Teddybären erinnert. Dennoch ist es eine Tatsache: Er stammt vom Wolf ab! Und Wölfe sind hauptsächlich Fleischfresser. Ihr Gebiss und ihre Verdauung sind auf das Zerteilen von Fleisch und Knochen ausgelegt. Wölfe fressen von ihrer Beute als erstes die inneren Organe, vor allem aber den Magen samt Inhalt. Im Magen befinden sich unverdaute Reste von Kräutern, Beeren, Blättern und Gras. Anschließend frisst er das Muskelfleisch und die Knochen. So wird der Wolf mit allen wichtigen Nährstoffen versorgt. Unsere Haushunde haben sich natürlich durch die Entwicklung vom Wolf zum Hund den Menschen stark angepasst, zumindest was die Ernährung betrifft. „Wölfisch“ bleibt der Verdauungsapparat dennoch. Das bedeutet: Der Havaneser ist und bleibt ein Fleischfresser! Was Sie ihrem Havaneser anbieten, bleibt letztendlich Ihnen überlassen.

Es gibt folgende Möglichkeiten:

Barfen (biologisch artgerechte rohe Fütterung)
Der Unterschied zu Fertigfutter ist, dass die Futterzubereitung etwas aufwendiger ist. Wenn Sie sich allerdings darauf einstellen, ist es relativ einfach. Sie füttern Rohes von Rind, Lamm, Wild, Geflügel und mischen es mit Quark, Getreideflocken, Reis und Gemüse, Öl und Mineralien. Sollten Sie ein Problem haben, Ihrem Hund rohes Fleisch zu futtern, können Sie es natürlich auch kurz kochen. (Bitte ohne Salz!) Der Vorteil ist, Sie wissen genau, was Ihr Hund frisst und kennen den Fleischanteil. Im Internet finden Sie eine Reihe von Anbietern, die das Fleisch portionsweise (500 g) tiefgefroren versenden.

Dosenfutter
Es gibt verschiedene Hersteller, die Dosenfutter mit einem hohen Fleischanteil anbieten (60 bis 80%). Die Dosengröße variiert zwischen 200-800 g und in den Geschmacksrichtungen. Wenn Sie Dosen füttern, ist es wichtig, auf hochwertiges Futter zu achten. Achten Sie beim Futter darauf, dass es keine hohen Mengen von Lockstoffen und Nebenprodukten, wie z.B. Haare, Klauen, Tierkadaver von Katzen und Hunden, Pferden und Schweinen, Tiermehl usw. enthält. Schauen Sie einfach auf den reinen Fleischanteil, dann erklärt sich manches von selbst.

Trockenfutter

Zweifelsfrei die bequemste Art, Ihren Liebling zu füttern. Von artgerecht natürlich weit entfernt. Trockenfutter besteht meist aus einem großen Anteil an Getreide. Unsere Hunde sind Fleischfresser, deshalb ist es irrelevant, ausschließlich Trockenfutter anzubieten. Wenn es einfach mal nicht anderes geht, kaufen Sie eines mit hohem Fleischanteil und reichen Sie immer genügend Wasser dazu.

Leckerli & Co

Auch bei den Leckerlis sollten Sie auf hochwertige Produkte Wert legen. Am Besten getrocknetes Fleisch oder Produkte, die wenig Mehlanteil haben. Kauprodukte stellen einen großen Nutzen hinsichtlich der Zahnpflege dar.

Trotz aller Ernährungsempfehlungen gibt es Havaneser, die sehr heikel sind und nur bestimmte Dinge fressen. Die Vorlieben und die Futtermengen Ihres Havanesers können sehr unterschiedlich sein. Dadurch stellen Sie sich automatisch auf das Fressverhalten Ihres Lieblings ein. Idealerweise sollten Sie den erwachsenen Hund zweimal am Tag füttern, in nicht zu großen Portionen. Beachten Sie bitte die Fütterungstabellen auf den Futterprodukten.
Zum Schluss: Je hochwertiger und ausgewogener die Ernährung Ihres Hundes ist, desto gesünder ist Ihr Vierbeiner und Sie haben ein langes Hundeleben Freude an Ihrem Havaneser.

Wissen Sie was? Das nächste Kapitel, das können Sie mal ganz getrost ohne mich lesen. Da weigere ich mich. Da sinkt meine Laune ganz gewaltig. Und auch wenn mein Tierarzt sagt, dass es nicht so schlimm ist – nein, da lasse ich nicht mit mir reden. Sie können es ruhig lesen. Ich will davon nichts wissen! So. Ich bin jetzt schon ganz schlecht gelaunt! Am liebsten würde ich abhauen! Aber Gott sei dank ist der Artikel nicht lang!

5.2. Kastration und Sterilisation

Bei der Kastration der Hündin werden die Eierstöcke und gegebenenfalls auch die Gebärmutter entfernt. Bei der Kastration des Rüden werden die Hoden operativ entfernt. Bei Hündinnen ist diese Operation weitaus komplizierter als beim Rüden. Eine Hündin sollte nicht vor der ersten Läufigkeit kastriert werden.
Auch die Risiken, die eine solche Operation nun einmal mit sich bringt, sind nicht zu unterschätzen.
Die Gebärmutter sollte nach Möglichkeit belassen werden, weil die Resthormonaktivität der Gebärmutterhörner nicht zu unterschätzen ist. Harnträufeln (Inkontinenz) ist dann tatsächlich weniger häufig. Eine Hündin hat nach der Kastration den Vorteil, dass sie nicht mehr läufig wird. Die Probleme, die bei einer Scheinträchtigkeit auftauchen können, entfallen nach der Kastration der Hündin. Auch Gebärmutterentzündungen und Gebärmutterkrebs können nicht mehr auftreten. Dass die Kastration einer Hündin das Krebsrisiko und Gesäugetumore vermindert, ist anzunehmen, wissenschaftlich aber nicht zu 100 Prozent belegt. Von daher sollte der Halter mit seinem Tierarzt den Eingriff eingehend besprechen und die Vor- und Nachteile genau abwägen.
Diese Operation ist irreversibel. Das Risiko des Harnträufelns bei der Hündin steigt mit zunehmendem Alter, was jedoch eher bei Großrassen der Fall ist und bei kleinen Rassen wie dem Havaneser selten auftritt. Kastrierte Hündinnen können im Alter zu Hormonstörungen zum Beispiel der Schilddrüse und/oder der Nebennierenrinde neigen. Ihr Tierarzt wird Ihnen dazu ausführliche Ratschläge geben können.

Die Kastration beim Rüden ist dann zu empfehlen, wenn der Hund stark darunter leidet, dass er sich sexuell nicht ausleben kann. Symptome hierfür sind Abmagerung, Aggressivität und Dominanzgebaren sowie der Drang, ständig wegzulaufen. Der beste Zeitpunkt für die Operation ist beim Rüden das Alter von etwa einem Jahr. Bei der Kastration werden einfach die Hoden entfernt. Dies macht den Hund ruhiger und er fühlt sich mehr zum Menschen hingezogen. Zudem nimmt das Risiko einer Prostataerkrankung ab, da diese schrumpft. Auch werden durch die Kastration der Vorhautentzündung und dem Hodenkrebs erfolgreich vorgebeugt.

Bei der Sterilisation werden die Tiere nur unfruchtbar gemacht, das heißt, die Samenstränge beim Rüden und die Eierstöcke bei der Hündin werden unterbunden. Hündinnen werden weiterhin läufig und können gedeckt werden, nehmen aber nicht auf. Rüden sind dann zeugungsunfähig, würden aber decken. Sterilisationen werden heutzutage aber nur noch sehr selten vorgenommen, da die Wahrscheinlichkeit von Eierstockzysten und Gebärmutterentzündung nach der Operation zunimmt.

Ein Jahr nach der Kastration sollte unbedingt ein Blutbild bezüglich der Schilddrüsenwerte gemacht werden. Eine weitere Folge der Kastration kann in Ausnahmefällen eine kastrationsbedingte Allopezie (Haarausfall mit Schwarzfärbung der Haut) auftreten.

Wunderbar, haben wir dieses unerfreuliche Thema endlich beendet!
Ach da fällt mir noch was ein!
Der Urlaub. Fahre ich jetzt mit oder bleibe ich zu Hause. Schauen Sie mal, auch darüber haben sich die Dosis Gedanken gemacht. Ganz ehrlich, lieber möchte ich dabei sein. Aber wenn es so gar nicht geht, dann müssen Sie sich genaue Gedanken machen.

5.3. Hund und Urlaub

Früher oder später wird sich für Sie als Hundebesitzer mit Sicherheit die Frage stellen „Wohin fahren wir dieses Jahr in Urlaub?“ und im gleichen Zuge die Frage „Nehmen wir den Hund mit?“ „Oder lieber doch nicht?“

Grundsätzlich sollte bereits vor der Aufnahme des Vierbeiners in das heimische Rudel die Frage geklärt werden, ob und wie die Urlaube als Hundehalter realisierbar sind. Um auch in dieser Zeit den Bedürfnissen des vierbeinigen Familienmitgliedes gerecht zu werden gibt es verschiedene Möglichkeiten. Würden Sie den Hund persönlich fragen, käme mit allergrößter Wahrscheinlichkeit ganz klar die Antwort: „Ich will mit!“ Besonders der sehr auf seine Familie fixierte Havaneser ist am glücklichsten, wenn er immer ganz nah bei seinem menschlichen Rudel sein darf. Aber auch der Hundehalter möchte immer häufiger die schönste Zeit des Jahres mit Hund verbringen und auf keinen Fall auf dieses Familienmitglied verzichten. Trotzdem sollte gut überlegt werden, ob die geplante Urlaubsreise für den Hund zumutbar ist oder nicht und ob vielleicht doch lieber auf einen achtstündigen Flug nach Übersee verzichtet wird. Haben Sie sich gegen einen Urlaub mit Hund entschieden oder ist es aus bestimmten Gründen einfach nicht möglich das Tier mitzunehmen, gilt es, eine für den Hund akzeptable Möglichkeit der Unterbringung zu finden.
In jedem Fall sollte man dem Hund Gelegenheit geben (am besten mit dem Halter) dort einmal Probe zu schlafen.

Unterbringung bei Freunden oder Verwandten

Eine der besten Möglichkeiten ist sicherlich, den Hund bei Freunden oder Verwandten unterzubringen. Im Idealfall wird der Hund so nicht komplett aus seinem gewohnten Umfeld gerissen und kann auch den mit Sicherheit auftretenden Trennungsschmerz besser überwinden. Die Hundesitter müssen natürlich genau über die Pflege des Tieres informiert werden. Dazu gehören dann nicht nur Informationen über Fütterungsgewohnheiten, sondern auch über Eigenarten, Lieblingsspiele, Gassigewohnheiten, Fellpflege usw. Auch sollten für Notfälle auf jeden Fall die Kontaktdaten des Tierarztes sowie die eigene Urlaubsanschrift hinterlassen werden.

Unterbringung in einer Tierpension

Haben Sie nicht die Möglichkeit, das Tier im privaten Umfeld gut unterzubringen, besteht weiterhin die Option, den Vierbeiner für die Zeit des Urlaubs in einer Tierpension einzumieten. Mittlerweile gibt es eine recht große Anzahl solcher Tierpensionen, so dass Sie sich im Vorfeld eine Reihe dieser Urlaubsunterkünfte anschauen können, um die am Besten geeignete zu finden. Ein persönlicher Besuch einer in Frage kommenden Pension ist unverzichtbar, Sie möchten ja schließlich beruhigt in die Ferien fahren und Ihren Hund gut und liebevoll versorgt wissen. Lassen Sie sich bei Ihrem Besuch in jedem Fall die Zimmer zeigen, in denen die Tiere untergebracht werden. Diese sollten sauber und beheizbar sein. Neben der Hygiene in allen Bereichen des Hauses und natürlich auch des vorhandenen Außengeländes sollte ein liebevoller Umgang des Personals mit den vierbeinigen Pensionsgästen selbstverständlich sein. Informieren Sie sich genau über die Auslaufmöglichkeiten, die Anzahl der Gassigänge und auch über die sonstigen Beschäftigungsmöglichkeiten für Ihren Vierbeiner. Häufig stehen große Freilaufflächen zur Verfügung, die von den Hunden zum Toben und Laufen genutzt werden können. Wenn das Tier verträglich ist, oft auch in kleinen Gruppen. Informieren Sie sich genau über die tierärztliche Betreuung der Pensionsgäste und in diesem Zusammenhang sollte nur eine Pension ausgewählt werden, die Wert auf einen ausreichenden Impfschutz der Tiere legt (Impfungen gegen Tollwut, Staupe, Leptospirose, Parvirose, Hepatitis und Zwingerhusten). Beim Vergleich diverser Häuser werden Sie feststellen, dass verschiedene Dinge auch unterschiedlich gehandhabt werden. Häufig ist es beispielsweise erlaubt, die eigenen Spielsachen oder Hundebetten mitzubringen, in anderen Pensionen wird dies aus hygienischen Gründen nicht gerne gesehen. Auch ein Preisvergleich der Häuser lohnt sich, allerdings sollten Sie bei den Urlaubsplanungen mind. 15-20 Euro pro Tag für die Tierpension einkalkulieren. Auf Sonderwünsche des Hundebesitzers wird meistens gerne eingegangen, allerdings müssen für zusätzliche Leistungen natürlich auch zusätzliche Kosten eingeplant werden. Grundsätzlich gilt, dass Sie Ihren Hund nur in eine Urlaubsunterkunft einquartieren sollten, die Ihnen ein gutes Gefühl sowie die Sicherheit vermittelt, dass der Hund während der eigenen Abwesenheit bestmöglich versorgt wird.

Mit dem Hund auf Reisen gehen

Haben Sie sich dazu entschlossen, die Ferien gemeinsam mit Hund zu verbringen, gibt es auch hier bereits im Vorfeld verschiedene Dinge zu bedenken. Es sollte überlegt werden, ob man dem Hund unbedingt eine mehrstündige Flugreise zumuten möchte oder ob doch lieber auf das Fliegen verzichtet wird. Hunde bis 5 oder 6 kg dürfen oft als „Handgepäck" in der Kabine mitgeführt werden, allerdings sollten Sie sich unbedingt im Vorfeld bei der entsprechenden Fluggesellschaft dahingehend informieren. Wird für den Flug eine Transportkiste benötigt, muss auf jeden Fall vorher mit dem Hund „geübt" werden, sofern er die Transportbox nicht schon kennt und problemlos akzeptiert. Entscheiden Sie sich für eine Urlaubsreise mit dem Auto, muss auch hier für eine sichere Unterbringung des Hundes gesorgt werden. In Frage kommen auch hier die Transportbox, ein Abtrenngitter oder ein Anschnallsystem für Hunde. Es muss genügend Wasser für den Hund mitgenommen werden und es schadet sicherlich nicht, bei der Reiseplanung alle 2 Stunden einen kleinen Gassigang einzukalkulieren, bei dem sich alle Reisenden ein wenig die Beine vertreten können. Um unangenehme und übelriechende Überraschungen während der Fahrt oder während des Fluges zu vermeiden, sollte der Hund nicht unmittelbar vor Reisebeginn gefüttert werden, sondern seine letzte Mahlzeit einige Stunden vor Beginn der Fahrt erhalten.

Auch über die jeweiligen Einreisebestimmungen für Hunde sollten Sie sich früh genug informieren. So ist bei Einreise in ein EU-Land eine Tätowierung oder ein Chip notwendig, damit eine Identifikation des Tieres möglich ist. Auch ein EU-Heimtierpass ist zwingend mitzuführen, aus dem alle wichtigen und erforderlichen Impfungen ersichtlich sind. Die Einreisebestimmungen in andere Länder können variieren und Sie sollten auf jeden Fall mit Ihrem Tierarzt sprechen, der Sie dahingehend kompetent beraten kann.

Ist ein geeignetes Reiseziel gefunden, muss geklärt werden, ob Hunde vor Ort willkommen sind. Dies gilt nicht nur für die Ferienwohnung oder das Hotel, sondern auch für Strände, Restaurants etc. Haben Sie ganz viel Glück, gibt es einen „Hundestrand" auf dem Hunde jederzeit und ohne zeitliche Beschränkung willkommen sind, meistens muss dahingehend allerdings mit Einschränkungen gerechnet werden. In der Nebensaison sind Hunde häufig an allen Strandabschnitten erlaubt, in der Hauptsaison gibt es allerdings oft ein absolutes Verbot oder zeitliche Vorgaben wie „Hunde erlaubt von 21.00 Uhr bis 7.00 Uhr".

Weiterhin sollten Sie sich erkundigen, welche gesundheitlichen Risiken im Urlaubsland gegeben sind. Besonders in den Tropen und im Mittelmeerraum besteht die Gefahr einer Infektion mit Leishmaniose, die durch den Stich der Sand- oder Schmetterlingsmücke übertragen wird. Folgen dieser Infektionserkrankung sind Hauterkrankungen und der Befall der inneren Organe. Nicht selten führt eine Infektion mit Leishmaniose zum Tode. Früh genug entdeckt, kann der Krankheit mit Medikamenten entgegengewirkt werden, eine vollständige Heilung ist allerdings nicht möglich. Wichtig ist hierbei, dass die Inkubationszeit mehrere Monate beträgt und die Krankheit auch noch Jahre später ausbrechen kann, so dass beim Ausbruch der Krankheit im ersten Augenblick nicht immer an den vor längerer Zeit verbrachten Urlaub gedacht wird. Neben den Sandmücken dürfen auch die Zecken nicht vergessen werden, die beispielsweise Babesiose und Ehrlichiose übertragen. Im Rahmen der Reisevorbereitungen sollte also auf jeden Fall auch ein Tierarztbesuch auf dem Programm stehen, damit frühzeitig für einen passenden Parasitenschutz gesorgt werden kann. Vor der Reise muss nicht nur das Reisegepäck der zweibeinigen Urlauber zusammengestellt werden, sondern in jedem Fall auch das des Hundes. Um keine wichtigen Dinge zu vergessen, können Sie sich beispielsweise eine Checkliste anlegen, auf der alle mitzunehmenden Sachen abgehakt werden können. Die auf der nächsten Seite aufgeführte Checkliste enthält die wichtigsten Reiseutensilien für den Hund, kann aber natürlich noch um ein Vielfaches erweitert werden.

Kleine Checkliste für den Urlaub

- Leine, Halsband
- Futter
- Leckerchen, Kauknochen Futter- und Wassernapf
- Spielzeug
- Fellpflegeutensilien (Bürsten, Shampoo, etc.)
- EU-Heimtierpass oder Impfausweis
- Telefonnummer des Tierarztes
- Medikamente, die der Hund regelmäßig bekommt
- Hundekorb, Hundedecke
- Hundeapotheke
- Zeckenzange

Haben Sie im Vorfeld alles bedacht und die Reise mit Hund gut geplant, steht einem wunderschönen, gemeinsamen Urlaub von Mensch und Tier nichts mehr im Wege. Und in diesem Zusammenhang ist noch an eines der wichtigsten Reiseutensilien für Ihren eigenen Reisekoffer zu erinnern. Gemeint ist damit natürlich der Fotoapparat. Denn wer möchte schon gerne auf so ein schönes Erinnerungsfoto verzichten, wie es hier von unserem „Chilli" zu sehen ist?

Boah, nee, gerade hat es an der Haustüre geklingelt. Und ich bin freudig hin und was kommt da zur Türe rein? Ein Hund, aber richtig groß. Mensch, wie geht man denn mit so was um? Da habe ich erstmal komisch geguckt. Aber so richtig Angst? Nein, die muss man nicht haben. Überzeugen Sie sich selbst.

5.4. Vom Umgang mit großen Hunden

Meistens haben Besitzer von kleineren Rassen Bedenken und Angst, wenn sie auf einen großen Hund treffen. Egal ob beim Spaziergang, auf dem Hundeplatz oder beim Tierarzt, ein großer Hund flößt erst einmal Respekt ein. Leider kommt es immer mal wieder zu tragischen Situationen, bei denen der kleine Hund den Kürzeren zieht.
So sind die Reaktionen von Herrchen oder Frauchen zu verstehen, wenn sie ihren Kleinen auf den Arm nehmen und panisch werden. Dass dieses die Situation eigentlich nur verschärft, ist bekannt, aber was soll man als Kleinhundbesitzer machen, wenn der Kleine in der Leine hängt und einen Großen – aus welchem Grund auch immer – verbellt? Der Grundstein für ein friedliches Miteinander von großen und kleinen Hunden liegt in der Sozialisierung und selbst dann sind da noch unerklärliche Antipathien, die das Leben erschweren können.
Nur ein Welpe, der nie schlechte Erlebnisse mit einem „Riesen" hatte, kann ganz entspannt mit einem solchen umgehen und spielen. Aber auch dann lauern Gefahren. Denn wenn ein Hund mit dem zehnfachen Gewicht eines Havanesers, seine Pfote auf den Welpen „patscht", hat der Welpe Schmerzen, die er mit dem Großen in Verbindung bringt. Bei den nächsten Zusammentreffen wird der Welpe meist nicht mehr unbedarft auf den Großen zugehen. Herrchen/Frauchen bemerken die Angst, nehmen den Kleinen auf den Arm, der Kleine fühlt sich groß und stark, bellt und knurrt. Einige solcher Treffen reichen aus und schon ist man in einem ungewollten Kreislauf. Der Welpe, der mit großen Hunden aufgewachsen ist, ist plötzlich nicht mehr verträglich.
Wie immer, ist also der Mensch für das Verhalten seines Hundes verantwortlich. Man kann nur empfehlen, den Welpen Kontakt mit anderen Hunderassen zu ermöglichen, wenn man schlechte Erfahrungen ausschließen kann. Denn nur ein gut sozialisierter Welpe wird ein gut sozialisierter Hund. Dazu gehört auch, dass ein erwachsener Hund einen Welpen in seine Schranken weisen darf. Dabei darf man nicht überängstlich sein, auch wenn es sich gefährlich anhört.
Die Kombination von Groß und Klein ist eine wirklich schöne Sache und mit einem Havaneser einfach perfekt, da er äußerst bewegungsfreudig und gesellig ist. Ausgedehnte Spaziergänge macht er locker mit und auch am Hundesport kann er trotz seiner geringen Größe teilnehmen. Ein Traum von einem Hund – ein Traumhund.

Mein Herrchen und mein Frauchen sagen immer, ich tue Ihnen gut. Ich verstehe nicht ganz, was sie damit meinen. Aber es muss etwas dran sein an der Behauptung, Havaneser seien gut für Menschen und heiterten sie auf. Lesen Sie dazu mal die folgende wahre Geschichte von Elke und ihrer Havaneserhündin Ronya.

5.5. Mein Therapie-Havaneser

Ich habe lange überlegt, ob ich die Geschichte, wie ich zu meiner Havaneserhündin Ronya kam, aufschreiben soll und habe mich jetzt doch dazu entschlossen.
Im Oktober 2007 ging nach einem Arbeitsplatzkonflikt bei mir gar nichts mehr.
Ich hatte keine Lust mehr aufzustehen, war nur noch den ganzen Tag am Heulen. Ich konnte nicht mehr telefonieren, konnte schon lange nachts nicht mehr schlafen. Habe mich vollkommen aus meinem sozialen Umfeld zurückgezogen, hatte keine Gefühle mehr, weder für meinen Mann noch für unsere Katzen. Ganz oft habe ich an meinem Mann herumgenörgelt, ich empfand nur noch eine innere Leere und fühlte mich ganz unten in einem tiefen Loch. Mir war alles egal.

Mein Hausarzt schickte mich von einer Untersuchung zur anderen, weil auch körperliche Probleme dazukamen. Meine Schilddrüse wurde untersucht, eine Blutuntersuchung gemacht, ich ging zum Gynäkologen und am Schluss zum Psychiater. Doch dieser hat nur gesehen, dass es mir schlecht ging, hat mir Antidepressiva verordnet und gemeint, dass man mich ja nicht ewig krankschreiben könnte. Doch es brachte natürlich keine Besserung.
Wo ich auch ging und stand, sogar bei einem Weihnachtsmarktbesuch, bin ich in Tränen ausgebrochen. Erneut ging ich zu meiner Hausärztin, die mir einen neuen Psychiater empfehlen sollte und natürlich einen Therapeuten. Die in Frage kommenden Therapeuten hatten aber alle eine Wartezeit von einem Jahr. Doch ich brauchte sofort Hilfe. Meine Ärztin empfahl mir eine psychiatrische Klinik, wo beides abgedeckt war, Therapie und Medikation.
Neun Wochen war ich in dieser sehr schönen Klinik. Ich wurde dort medikamentös optimal eingestellt, hatte einen super tollen Psychiater, der mit mir eine Therapie gemacht hat.
Ich wurde aus der Klink immer noch arbeitsunfähig entlassen, kam danach noch acht Wochen in eine psychiatrische Reha. Wieder zuhause bekam ich nun alle 14 Tage meine Therapie.
Da ich viel Zeit habe und ja auch sonst nicht viel auf die Reihe bekomme, bin ich sehr oft im Internet. Irgendwann kam ich auf Seiten, die den Havaneser zeigten. Ich habe nur zu meinem Mann gesagt, dass ich auch gern so ein Hundchen hätte, wobei er mir gleich den Wind aus den Segeln nahm, mit dem Argument, dass wir ja schon Katzen hätten und ein Hund sich wohl mit denen nicht vertragen würde. Am 20.01.09 hatte ich eine Therapiestunde. Meine Therapeutin fragte mich nach meinen Träumen und Wünschen.
Außer gesund zu werden hätte ich keine Wünsche, sagte ich ihr. Sie sagte, dass es das nicht gäbe, jeder Mensch habe Wünsche. Ja, ich hätte gerne einen Hund, sagte ich ihr, aber es geht nicht. Am Ende der Stunde gab sie mir Grüße für meinen Mann mit auf den Weg und er möge sie bei Gelegenheit mal anrufen. Das tat er noch am selben Abend, wobei er zum Telefonieren in einen anderen Raum ging. Lachend kam er nach dem Telefonat aus dem anderen Zimmer und sagte nur „Ich soll dir einen Hund schenken". Die Argumente der Therapeutin, dass der Hund mich wieder raus nach draußen bringen würde und er Balsam für meine Seele sein würde, leuchteten ihm ein und er sagte ja.

Am 20.1.09 wurde beschlossen, dass ich einen Hund bekommen sollte.
Am 20.1.09 wurde der amerikanische Präsident vereidigt. „Yes we can!"
Am 20.1.09 wurde meine Ronya geboren.

Zufall?

Wir haben unsere süße Maus nun drei Wochen und sie tut mir so gut. Ich spüre wieder ganz viel Liebe und ich bin den ganzen Tag mit ihr am Kuscheln und sie verfolgt mich auf Schritt und Tritt. Sie geht draußen im Wald und Feld ohne Leine und lässt uns nicht aus den Augen.
Ich liebe sie sehr, sie ist ein Goldschatz.
Mein größter Schatz ist mein Mann, denn ohne ihn wüsste ich nicht wo ich heute wäre.
Denn ohne ihn hätte ich nichts auf die Reihe bekommen, nicht mal ein einfaches Formular konnte ich ausfüllen! Alles, aber auch alles hat mein Mann für mich gemanagt und dafür liebe ich ihn noch mehr. Ich wollte damit niemanden langweilen, ich wollte nur mal erzählen wie ein kleiner Hund einem Menschen helfen kann, gesund zu werden.
Mein Therapie-Havaneser, nie mehr möchte ich ohne sein!

Ich bin ja noch ziemlich jung, aber auf Hundetreffen habe ich einige Kumpels kennengelernt, die schon ein stattliches Alter haben. Und bei uns Havis ist es nicht anders als bei den Menschen: Im Alter ändern sich manche Gewohnheiten, lebt es sich ein bisschen anders. Aber lesen Sie selbst, was zu beachten ist, wenn Sie einen älteren Havaneser bei sich aufnehmen oder Ihr Hund in die Jahre gekommen ist. Ich halte derweil mal ein kleines Nickerchen.

5.6. Das Leben mit dem älteren Havaneser

Irgendwann ist auch der Havaneser in einem Alter, in dem er als alt angesehen werden muss oder, zeitgemäßer, als Senior. Das ist bei diesen eher kleinen Hunden mit ungefähr zehn Jahren soweit. Ein Havaneser kann jedoch auch im hohen Alter noch fit und agil sein. Mit qualitätsvollem Futter, maßvoller regelmäßiger Bewegung und regelmäßigen Kontrolluntersuchungen beim Tierarzt können Herrchen und Frauchen viel dazu beitragen.

Heutzutage wird die Bezeichnung „alter Hund" jedoch nicht mehr unbedingt an einem bestimmten Lebensalter festgemacht, sondern nach Alterungsmerkmalen, ähnlich wie bei alternden Menschen:

- Geringere Aktivität, oft verbunden mit Verschleiß an Gelenken und Knochen
- Abgenutzte Zähne, Darmträgheit
- Weniger Geschmacksempfinden, reduzierte Speichelproduktion und häufig damit verbunden geringere Nahrungsaufnahme
- Abnehmende Hautelastizität, schlechtere Haarstruktur
- Schwerhörigkeit bis hin zur Taubheit
- Sehschwäche bis zur Erblindung
- Vermehrte Ruhe- und Schlafphasen
- Evtl. durch geringere Bewegung verursachtes Übergewicht

Alte Hunde werden auch vergesslich bzw. sind weniger aufmerksam, da kann es z. B. passieren, dass der Hund plötzlich auf den Verkehr nicht mehr aufpasst und vor ein Auto läuft. Oft merkt man es auch daran, dass Ihr Freund sturer wird, was das Befolgen von Befehlen angeht; es kann durchaus auch als Altersstarrsinn bezeichnet werden. Meist gesellt sich dann noch ein schlechteres Gehör dazu, ebenso wie schlechteres Sehen. Die Pupille verändert sich, sie sehen nur noch schemenhaft und haben im Dunkeln Probleme. Havaneser können im Alter unter dem so genannten senilem grünen Star (Katarakt) leiden. Der senile Katarakt zählt nicht zu den Erbkrankheiten, da er im Gegensatz zum Juvenilen nicht vererbt wird, sondern eine Alterserscheinung. Auch dieser ist nicht medikamentös behandelbar, kann jedoch operiert werden. Auch wenn eine Operation nicht in Frage kommt, besteht dennoch kein Grund, den Hund deswegen womöglich einschläfern zu lassen, da der Havaneser – wie alle Hunde – ein Nasentier ist. Auch hat er viele Jahre Zeit gehabt, sich seine Umgebung, vor allem sein Zuhause, genau einzuprägen, so dass der Seniorhund in der ihm bekannten Wohnung ohne große Beeinträchtigung leben und spielen kann. Wenn dem Besitzer kataraktbedingte Änderungen im Verhalten seines Hundes auffallen, dann kann es für den Hund von Vorteil sein, wenn seine Gassirunden in bekannter Umgebung und an der Leine stattfinden. Trotz seines Alters begleitet Sie Ihr Hund noch gerne mit in den Urlaub. Doch sollte der Urlaub auch ein wenig auf den Hund und sein Alter abgestimmt sein. Ihr Seniorhund will womöglich nicht mehr soviel laufen, wie in jungen Jahren, planen Sie deshalb keine stundenlangen Wanderungen oder Touren durch Städte ein.
Gönnen Sie sich und Ihrem Hund viele Pausen und kurze Touren, so dass beide Parteien etwas

vom Urlaub haben. Sollten Sie im Sommer fahren, dann denken Sie daran, dass auch Ihr Hund dankbar für Schattenplätze und Ruhepausen um die Mittagszeit ist. Bitte bedenken Sie das auch Zuhause, da dem älteren Tier die sommerliche Hitze doch arg zu schaffen macht. Deswegen ist es von Vorteil, wenn der Hund auch im heimischen Garten die Möglichkeit hat, sich in den Schatten zurückzuziehen und die Gelegenheit bekommt, sich abzukühlen. Die Spaziergänge können Sie in die kühleren Morgen- und Abendstunden verlegen. Leider ist es so, dass ein Hundeleben in der Regel wesentlich kürzer andauert als ein Menschenleben und so werden die meisten Hundefreunde mehr als einmal in ihrem Leben mit der Problematik des Alterns bei ihren geliebten Vierbeinern konfrontiert.

Hier ein Modell:

Wie alt ist mein Hund im Vergleich zu „Menschenjahren"?									
Kleine Hunderassen bis 15 kg	6 Monate	1 Jahr	18 Monate	2 Jahre	3 Jahre	4 Jahre	5 Jahre	6 Jahre	7 Jahre
Menschenalter	15 Jahre	20 Jahre	24 Jahre	28 Jahre	32 Jahre	36 Jahre	40 Jahre	44 Jahre	48 Jahre
Kleine Hunderassen bis 15 kg	10 Jahre	11 Jahre	12 Jahre	13 Jahre	14 Jahre	15 Jahre	16 Jahre	17 Jahre	18 Jahre
Menschenalter	60 Jahre	65 Jahre	68 Jahre	72 Jahre	76 Jahre	80 Jahre	84 Jahre	88 Jahre	90 Jahre

Weitere altersbedingte Krankheiten sind Herzschwäche, Leber- und Nierenprobleme.
Daher sind ab dem 10. Lebensjahr regelmäßige Kontrolluntersuchungen beim Tierarzt ratsam. Zu den Routine-Untersuchungen eines älteren Hundes gehört nicht nur eine Herzkontrolle, sondern in jedem Falle auch eine Blutuntersuchung, bei der man einen Hinweis auf die Leistung der inneren Organe, wie z.B. Leber und Niere bekommen kann. Können nämlich aufgrund der nachlassenden Organleistung von Leber und/oder Niere die Abbauprodukte bestimmter Nahrungsbestandteile nicht mehr im notwendigen Umfang vom Körper ausgeschieden werden, so sammeln sich diese Abbauprodukte im Körper an und verursachen Beschwerden. Aus diesem Grund muss beim älteren Hund auf ein den geänderten Bedürfnissen angepasstes Futter geachtet werden. Damit Ihr alter Hund Sie noch lange mit seinem fröhlichen Wesen und einer guten Gesundheit erfreut, muss das Seniorfutter auch mehr Vitamine enthalten, jedoch durch den geringeren Energiebedarf des Hundes müssen weniger Proteine und Fette darin enthalten und es muss leichter zu verdauen sein. Gerade mit der Verdauung oder besser gesagt mit dem Ausscheiden, kann es im Alter Probleme geben. Mancher Hund leidet unter einer Schließmuskelschwäche, was aber ganz gut aufgefangen werden kann, indem man häufiger rausgeht und dem Hund so die Möglichkeit gibt, sich oft zu lösen. Auch kann bei kastrierten Hündinnen – aber nicht nur bei diesen – eine Inkontinenz dazu kommen. In der Nacht ist dieses Dilemma mit Hilfe spezieller Inkontinenzeinlagen gut in den Griff zu bekommen. Es ist sicherlich der Wunsch eines jeden Hundebesitzers, dass sein Hund gesund ein hohes Alter erreicht und eines Tages einfach friedlich für immer einschläft. In der Tat kommt es aber häufig vor, dass der ältere Hund erkrankt und man irgendwann vor der Entscheidung steht, ihn von seinem Leid zu erlösen. Dieses ist immer eine sehr schwierige Entscheidung, die man gewiss nicht leichten Herzens trifft.

Hallo, ich bin's wieder, Frederico. Ich habe schon einige Havaneser getroffen. Und ich habe schon so einiges gehört! Da gibt's lustige Sachen, aber auch einige traurige. Irgendwann traf ich Tony, einen Havaneser mit Herzproblem. Lesen Sie mal seine Geschichte.

5.7. Tonys Herzerkrankung

Tony wurde am 19.11.1999 geboren und wuchs als Welpe sowie später bis hin zum sechsten Lebensjahr als gesunder, aufgeweckter Hund heran. 2006 bekam er dann zweimal im Jahr (im Frühjahr und im Herbst) seine Anfälle. Er blieb dann einfach stehen, reagierte auch auf Ansprache nicht mehr und wirkte teilnahmslos. Ins Körbchen gebracht, schlief er ein paar Stunden und stand anschließend wieder auf und es war ihm dann nichts mehr anzumerken. Ich hielt diese Symptome für eine Magenverstimmung, weil sie bis zu diesem Zeitpunkt nur selten auftraten. Ab 2007 häuften sich die Anfälle jedoch und ein Arztbesuch war unumgänglich. Die damals behandelnde Tierärztin untersuchte Tony und stellte beim Abhorchen Herzgeräusche und nach einer Röntgenaufnahme ein vergrößertes Herz fest, was bei Kleinhunden öfter vorkommen kann. Um genaueres über eine Herzerkrankung sagen zu können, wurde Tony einer Kardiologin vorgestellt. Diese untersuchte ihn, machte ein EKG und eine Ultraschalluntersuchung mit der Diagnose „Herzklappeninsuffizienz der Stufe 4". Das heißt, Tonys Herzklappen schlossen sich nicht mehr ganz, so dass sich das Blut dann in die Lunge oder in den Bauchraum zurückstaute. Eine Herzklappeninsuffizienz ist gut behandelbar. Es gibt mehrere Herzmedikamente, die zur Behandlung eingesetzt werden können. Tony reagierte anfänglich auf mehrere Medikamente mit Kreislaufproblemen. Diese äußerten sich in der Weise, dass er immer umfiel und dabei herzerweichend schrie. Nach einem Medikamentenwechsel ließen diese Beschwerden zum Glück rasch nach und er war gut eingestellt. Leider bemerkt man als Hundehalter die Anzeichen einer Herzerkrankung zunächst meist gar nicht. Wenn es dann Anzeichen wie Kurzatmigkeit, Hustenreiz oder Bewegungsunlust gibt, dann ist der Hund schon länger herzkrank. Eine Herzerkrankung kann nur mit Medikamenten behandelt werden. Diese mildern die Folgen der Erkrankung, doch zu Heilung kommt es nicht mehr. Wichtig sind regelmäßige Kontrollen beim Tierarzt. Zudem müssen die verordneten Medikamente lebenslang verabreicht werden. Es wurde angeraten, Tonys Fell im Sommer zu kürzen und die Mittagshitze zu meiden.

Ja, der Tony! Ein lieber Kerl!

6. Rund um die Zucht

Ein Havaneser ist ein sehr lernfähiger Hund. Und wenn Sie sich mit uns beschäftigen, dann machen wir für Sie auch ganz gerne mal ein Kunststück. Ich kann z.B. die Pfote geben, auf Kommando bellen, ich kann mich auf dem Boden rollen und mein Kumpel Johnboy, der kann sich sogar auf Kommando tot stellen. Es gibt vieles, was Sie mit uns anstellen können, von Tricks über Dogdancing bis zu Agility. Vielleicht finden Sie daran ja Interesse. Und wenn Sie so richtig stolz sind, was für einen schönen Hund Sie haben, dann wird das folgende Kapitel für sie interessant sein. Dort geht es darum, was es heißt, ein Ausstellungshund zu sein. Aber dazu bedarf es auch ein bisschen Übung. Die Teilnahme an Ausstellungen und das gute Abschneiden dort sind die Voraussetzung für den Zuchteinsatz eines Havanesers. Ich möchte mich aber erstmal von Ihnen verabschieden, denn ich bin hundemüde. Ich schlafe mich jetzt mal richtig aus. Derweil erzählt Ihnen Trixie mal, wie es so bei einer Ausstellung zugehen kann.

6.1. Ausstellungsbesuch aus der Sicht eines Hundes

Hallo, ich bin Long haired bears Monic, aber alle nennen mich Trixie. Ist ja auch viel einfacher so. Ich bin ein süßer schwarzer Havaneser, sagt jedenfalls mein Frauchen.
Heute Morgen hat der kleine Kasten auf dem Tisch neben dem Bett meines Frauchens schon ganz früh Krach gemacht. Ich wollte eigentlich noch ein bisschen in meinem Körbchen liegen und vor mich hindösen, aber mein Frauchen hat Futter und andere Dinge von mir in einen Rucksack gepackt. Ok, da bin ich dann doch ein bisschen neugierig geworden. Jetzt gehen wir bestimmt gaaaanz lange Gassi, juchhu! Ich hab mich auch ganz doll gefreut und bin wie wild in der Küche rumgehopst. Aber was will mein Frauchen denn mit den Kämmen und Bürsten? Die braucht man doch gar nicht zum Gassigehen?! Voller Skepsis hab ich meinen Schwanz erstmal auf halb acht sinken lassen und hab mir den Rest abwartend angeschaut. Na ja, aber dann hat sie doch die Leine in die Hand genommen. Da hab ich mir dann erstmal ein Loch in den Bauch gefreut! Jippie, wir ziehen los! Draußen war ich aber nicht mehr so begeistert, denn Frauchen hat den großen fahrenden Kasten aufgeschlossen. Sie musste mich in den Kofferraum rein heben, denn ich hab mich ganz steif gemacht. Dieses Ding mag ich ja gar nicht leiden!
Das schaukelt immer so und mir wird dann immer ganz komisch im Bäuchlein.
Nutzte aber nix! Wir sind dann losgefahren. Vielleicht geht es ja zum großen Wasser, wo man so toll planschen kann? Oder in den Wald? Da kann man immer so toll Stöckchen schleppen! Es hat ganz lange gedauert, bis wir endlich angehalten haben. Viel, viel länger als sonst. Als dann die Klappe hochging, war ich baff: Hier war ich ja noch nie! Und dann sind hier sooooo viele andere Hunde. Ich wollte sofort raushopsen, aber Frauchen hat mich zurückgehalten und mich erstmal angeleint. Auch gut! Hauptsache ich konnte jetzt losdüsen.
Wir sind dann in ein großes Haus gegangen und mussten erstmal in einer Schlange stehen. Mein Frauchen hat dann komische Zettel bekommen und ein Schild mit einer Nummer. Die hat sie sich erstmal an den Pulli gesteckt. Komisch! Dann war da noch so ein Mann, der mir ein merkwürdiges Gerät an den Hals gehalten hat. Es hat kurz gepiept und das war's dann auch schon. Mein Frauchen hat dem Mann meine Papiere gezeigt (was immer das auch ist) und er hat die mit der Nummer verglichen, die auf dem Gerät angezeigt wurde. Wenn ihm so was Spaß macht, kann er das gerne machen. Hauptsache es tut mir nicht weh!

Dann ging es weiter. Mann, war das aufregend! Vorbei an vielen Hunden, auch an ganz großen. Ich hab munter gewedelt und allen einmal „Hallo“ gesagt. Mein Frauchen hat sich dann an einen Tisch gesetzt und wisst Ihr, was dann kam?! Sie hat die Bürste und den Kamm ausgepackt. Oh Schreck! Ich hab mich so erschrocken, dass ich mich gleich auf den Rücken geworfen habe. Hat aber nix genützt! Ok, dann eben „Augen zu und durch“! Sie hat sich heute ganz viel Zeit genommen und überall gekämmt. Auch unter den Ohren ganz weit hinten! Da ziept es immer am schlimmsten. Gemein!
Wir haben dann eine ganze Weile gewartet. Mein Frauchen hat sich etwas zu essen geholt und mir auch meinen Napf mit Futter und Wasser hingestellt. Ich war aber viel zu aufgeregt, um zu fressen. Vor lauter Nervosität musste ich mich immer wieder hinterm Ohr kratzen. Frauchen fand das gar nicht lustig und hat mich immer wieder gestört. Aber wenn es doch juckt?

Irgendwann hat dann ein Mann eine Nummer aufgerufen und wir sind aufgestanden. Schön, endlich raus hier! Aber so war es nicht. Wir sind dann zu zwei Männern gegangen und Frauchen hat ihnen eine Mappe mit meinen Papieren gegeben. Und wisst Ihr, was dann passiert ist? Frauchen hat mich auf einen Tisch gestellt! Nanu, was geht denn jetzt hier ab? Dafür werde ich zu Hause immer geschimpft. Ich habe die Welt nicht mehr verstanden.

Der eine Mann fing dann auf einmal an, mich am ganzen Körper abzutasten. Ey, das fand ich ja gar nicht toll! Ich habe dann auch den Kopf gedreht und geschaut, was der denn da so alles anstellt. Mein Frauchen hat den Kopf aber wieder nach vorne gedreht. Spielverderber! Und dann kam die Krönung! Schnappt der eine Mann sich doch meine Schnauze und schaut sich meine Zähne an. Bei meinem Frauchen haben sie das nicht gemacht.
Dann ging es wieder runter vom Tisch. Gott sei Dank!

Ich habe dann vor lauter Erleichterung erstmal kräftig gewedelt. Wir sind dann losgegangen, aber merkwürdig – immer im Kreis! „Was ist denn nur mit meinem Frauchen heute los, dass sie sich so komisch benimmt“, hab ich mir gedacht. Die zwei Männer haben dann miteinander gesprochen und meinem Frauchen dann zu „so einem tollen Hund“ gratuliert. Super, oder?! Die haben damit nämlich mich gemeint. Sie haben uns dann auch noch einen goldenen Fressnapf auf Stiel gegeben. Warum der allerdings einen Deckel hat, kapiere ich nicht. Da kann ich doch gar nicht ans Futter ran. Und das habe ich dann auch wieder in meinen alten Napf bekommen. Fand ich echt blöd!
Mein Frauchen hat ihn zu Hause dann auch ins Regal gestellt. Ganz oben hin. Na toll, so komm ich gar nicht dran! Jetzt wollte ich dann aber erst mal nach draußen. Das haben wir dann auch gemacht und mein Frauchen ist mit mir spazieren gegangen.
Wäre dann ja mal Zeit gewesen nach Hause zu fahren. Ich bin ganz brav zu der rollenden Kiste marschiert, aber was soll ich Euch sagen: Wir sind noch mal in das Haus rein.
Och nö, das wollte ich nicht mehr so gerne. Ich war müde und hatte echt keine Lust mehr auf den ganzen Trubel. Na gut, bin ich eben hinter Frauchen her getrottet. Begeistert war ich nicht. Das hab ich dann natürlich zum Ausdruck gebracht, indem ich meinen Schwanz am Boden hinter mir hergezogen habe. Was soll ich Euch sagen: Wir sind jetzt mit vielen kleinen Hunden wieder im Kreis gelaufen! Dabei war doch draußen so viel Platz! Ich hab natürlich immer an den anderen Hunden schnuppern wollen. Durfte ich aber nicht!

Dann hebe ich auch meinen Schwanz nicht hoch. Basta!
Zum Schluss war „Hinstellen" angesagt. Leute, ich war müde!
Natürlich habe ich mich erst einmal eine Runde hingelegt.

Das fand mein Frauchen glaube ich gar nicht so gut.
Sie hat mich immer wieder aufgehoben, meinen Schwanz über den Rücken gelegt!
Hey, das mach ich nur wenn ich will!
Hier haben dann ein paar andere noch so einen Fressnapf auf Stiel bekommen.
Ehrlich?!
Was soll ich auch damit, wenn ich eh nicht daraus fressen darf?!
Jetzt bin ich endlich wieder zu Hause!
Ich liege total erledigt auf meinem Kissen und will nur noch meine Ruhe.
Das nächste Mal kann Frauchen alleine fahren!
Es sei denn, wir können über das Thema „Fressnapf auf Stiel" noch mal reden!

Apropos Ausstellung. Um dort mitmachen zu können, braucht man in aller Regel eine Ahnentafel. Die Ahnentafel ist so etwas wie ein Familienbuch oder eine Abstammungsurkunde bei den Menschen. Auch die Ahnentafel ist eine unabdingbare Voraussetzung, falls mit einer Hündin gezüchtet oder ein Rüde zum Decken verwendet werden soll. Schließlich garantiert nur die ordnungsgemäße Ahnentafel die Rassereinheit und Abstammung des Hundes. Was es damit genau auf sich hat, erfahren Sie im folgenden Beitrag.

6.2. Rund um die Ahnentafel

„Mit Papieren" heißt es oft in Welpeninseraten. „Mit Papieren" bedeutet, dass der Welpe eine Ahnentafel hat, die der Züchter dem Welpenkäufer aushändigt. Diese Ahnentafel gehört bei jedem seriösen verbandsangehörigen Züchter ohne Wenn und Aber zu jedem Welpen dazu. Inserate, in denen Hunde wahlweise mit oder ohne Papiere angeboten werden, sollten deshalb jeden Interessenten stutzig machen.
Hat ein Welpe keine Papiere, liegen die Gründe auf der Hand: Entweder gehört der Züchter keinem Verband an und züchtet somit unkontrolliert und ohne Einhaltung von verbandlichen Zuchtbestimmungen. Oder der Wurf wurde quasi „schwarz" gemacht, also ohne Meldung an den Zuchtverband. So etwas wäre denkbar, wenn die Hündin eigentlich nicht hätte gedeckt werden dürfen, wenn ein nicht erwünschter Rüde (aus der Nachbarschaft) die heiße Hündin ungewollt gedeckt hat, wenn der ausgewählte Rüde keine Zuchtzulassung besitzt oder wenn Hündin bzw. Rüde zu jung oder zu alt sind. Solche „Unfälle" können passieren, doch kein seriöser und ehrlicher Züchter würde das verschweigen und die Welpen unter der Hand ohne Papiere verkaufen. Flöge ein solches Verhalten auf, müsste der Züchter mit strengen Strafen seines Verbandes rechnen.
Zurück zu den Papieren: Die Ahnentafel, oft auch als „Pedigree" bezeichnet, ist die Geburts- und Abstammungsurkunde des Hundes. Sie ist nicht irgendein Papier, sondern ein wichtiges Dokument mit zahlreichen Informationen. Heutzutage können sich windige Hundehändler und -vermehrer am PC mit einem einfachen Grafikprogramm selbst „Phantasie-Ahnentafeln" basteln.

Teilweise werden dazu ganze Generationen von Vorfahren einfach von Internetseiten von Züchtern oder aus der großen Havaneser-Datenbank www.havanesegallery.hu geklaut.
Sehen Sie sich deshalb die Ahnentafel Ihres Welpen genau an. Viele Verbände versuchen durch Siegel, Prägungen oder Einstanzungen die Fälschungen der Ahnentafeln zu verhindern oder zumindest zu erschweren.

„Die" Ahnentafel gibt es nicht, denn jeder Verband, und von denen gibt es gerade in Deutschland eine ganze Reihe, hat seine speziellen Ahnentafeln. Es gibt sie in Broschürenform (mit zusätzlichen Infos für den Halter) oder in Urkundenform. Jede Ahnentafel ist aber ein ganz individuelles Original, denn sie wird natürlich für jeden einzelnen Welpen ausgestellt. Jede Ahnentafel, gleich welchen Verbandes, enthält die Zuchtbuchnummer des Welpen und die Originalunterschrift der Zuchtbuchführung. Trotz aller Unterschiedlichkeit in der Optik sind auf jeder Ahnentafel folgende Informationen zu finden: der Name des Zuchtverbandes, die Bezeichnung der Rasse, Name, Wurftag, Geschlecht und Farbe des Hundes, die bereits erwähnte Zuchtbuchnummer sowie Name und Wohnort/Adresse des Züchters. Durchweg ist auch die Tätowierungs- oder Chipnummer des Welpen auf der Ahnentafel vermerkt.

Unterhalb von diesen Angaben finden sich die Vorfahren des Hundes. Je nach Verband werden drei oder vier Generationen (Eltern, Großeltern, Urgroßeltern, Ururgroßeltern) aufgelistet – der Vater jeweils oben und die Mutter darunter. Gelistet sind stets die offiziellen Namen und die Zuchtbuchnummern der Vorfahren. Hinzu kommen eventuelle Preise, Auszeichnungen, Bewertungen und Gesundheitsuntersuchungen. Je nach Platz und Verband werden auch Wurftag, Farbe und Täto- oder Chipnummer der Vorfahren aufgeführt.
Die Buchstaben-Zahlenkombination bei jedem Vorfahren ist die Zuchtbuchnummer. Sie gibt Aufschluss, in welchem Verband der Hund gezüchtet wurde. Die Abkürzung „VDH-VK" findet sich auf fast jeder Ahnentafel bei irgendeinem der Ahnen. Sie steht für den „Verband für das Deutsche Hundewesen" (VDH), den mit Abstand größten deutschen Hundeverband und dem ihm angeschlossenen Verband deutscher Kleinhundezüchter (VK), von dem unter anderem Havaneserzüchter betreut werden. Ein Beispiel für eine Zuchtbuchnummer wäre: VDH-VK 03.1244 (die 03 steht für das Geburtsjahr 2003, die 1244 ist die fortlaufende Nummer).

An zweiter Stelle zu erwähnen ist der IRJGV (Internationaler Rasse-, Jagd- und Gebrauchshunde-Verband). Er ist der zweitgrößte deutsche Verband. Beispiel für eine Zuchtbuchnummer: 07-62041 IRJGV (hier steht die 07 für das Geburtsjahr 2007).

Daneben gibt es eine stattliche Zahl weiterer Verbände und Vereine, die teilweise aber nicht bundesweit, sondern nur regional vertreten bzw. aktiv sind. Zu nennen sind unter anderem
ACH-L: Internationaler Allgemeiner Club der Hundefreunde- und Liebhaber
ADRV: Allgemeiner Deutscher Rassehunde-Verband
DHSU: Deutsche Hunde-Sport-Union
DRC: Deutscher Rassehunde-Club Soltau
DRV: Deutscher Rassehunde-Verband Wolfenbüttel
IRV: Internationaler Rassehunde-Verband
WZRV: Westdeutscher Zucht- und Jagdhundeverein

Auf vielen Ahnentafeln tauchen in früheren Generationen auch ausländische Hunde auf. Die Abkürzungen bei der Zuchtbuchnummer verraten die Herkunft:
NHSB: Nederlands Hondenstamboek – ein niederländischer Dachverband
MET: ist der ungarische Dachverband
SF: diese Hunde kommen von einem finnischen Verband
SHSB: steht für das Schweizerische Hundestammbuch
ÖKV: Österreichischer Kynologenverband
ÖGV: ist der Österreichische Gebrauchshundesport-Verband
DKK: steht für den Dansk Kennel Klub aus Dänemark
AKC: American Kennel Club – hierher stammen viele Hunde, die in den 80er-Jahren aus den USA nach Mitteleuropa importiert wurden.
HCA: steht für den Havanese Club of America – hier gilt das gleiche wie beim **AKC**.
CMKU: Tschechisch-mährische kynologische Union – diese Havaneser stammen aus Tschechien, ebenso wie Tiere mit dem Zuchtbuch-Kürzel **CLP**
CKC: steht normal für den Canadian Kennel Club. Seite 1991 gibt es in den USA allerdings auch einen Verband namens **CKC** (Continental Kennel Club).

Bevor man die Ahnentafel seines Havaneserwelpen studieren kann, braucht es allerdings meist etwas Geduld. Da die Ahnentafeln erst nach der Wurfabnahme, die kurz vor dem Umzug der Welpen in ihr neues Zuhause stattfindet, vom Zuchtbuchamt ausgestellt werden, sind sie in aller Regel noch nicht fertig, wenn Sie Ihren Welpen beim Züchter abholen. Das ist allerdings kein Grund zur Sorge. Jeder gute Züchter wird Ihnen die Ahnentafel, sobald sie ausgestellt ist, unaufgefordert zuschicken oder sie vielleicht sogar persönlich vorbeibringen, wenn Zeit und Entfernung es erlauben.

Ach nein, also ich finde das ziemlich kompliziert. Vielleicht wollen Sie aber noch lesen, wie die Würfe so benannt werden. Weshalb heiße ich eigentlich Frederico von der... wie war jetzt mein vollständiger Name noch? Der ist so komisch, ich kann mir den einfach nicht merken. Das ist überhaupt ganz eigenartig. Ich heiße ja nicht nur Frederico, sondern habe da noch einiges am Namen dranhängen.

Aber das ruft mein Frauchen nie, deshalb vergesse ich es auch immer. Und warum das überhaupt so ist, das können Sie gerne nachlesen, ich persönlich brauche eine kleine Erholung und ich verstehe das sowieso nicht. Ich bin mir sicher, Sie verstehen das viel eher. Ich putze derweilen meine Pfoten.

6.3. Zur Wurfbenennung

Alle Hundezuchten, die in einem Verband züchten, haben einen Namen, den so genannten Zwingernamen. Diese Zwingernamen müssen beim jeweiligen Verband beantragt und von ihm genehmigt werden. Jeden Zwingernamen gibt es in einem Verband nur ein einziges Mal, so dass die Herkunft eines Hundes schon allein vom Zwingernamen her leicht feststellbar ist.

Viele Züchter sind bei der Namenswahl oft sehr einfallsreich. Bei Havaneserzüchtern im deutschsprachigen Raum sind neben deutschen auch spanische und englische Zwingernamen sehr beliebt. Mal beziehen sich diese Namen auf Merkmale der gezüchteten Rasse, mal auf den Züchter oder dessen Wohnort – oder die Namen sind einfach nur wohlklingend und schön.

Alle Welpen, die bei einem Züchter geboren werden, tragen den Namen von dessen Zwinger (manchmal wird für Zwinger bzw. Zucht auch das englische Wort „Kennel" benutzt). Die Mutterhündin oder der Deckrüde können dabei ganz andere Namen tragen, wenn sie nicht in diesem Zwinger geboren sind.

Als wir vor Jahren auf Welpensuche waren, freuten wir uns sehr, endlich ein süßes Hundebaby gefunden zu haben. Die Kleine war damals drei Wochen alt. Ich fragte die Züchterin, wie die Kleine denn heißen würde. Sie hatte noch keinen Namen und die Züchterin erlaubte mir, den Namen selbst aussuchen zu dürfen. Es müsse nur ein Name mit „W" sein.

Mit „W" also! Na gut! Ich wusste, dass Züchter ihrem ersten Wurf „A"-Namen geben, dem nächsten „B"-Namen und so weiter. Nun kam ich aber ins Grübeln. Ein „W"-Wurf liegt ja ziemlich hinten im Alphabet. Sollte die arme Mutterhündin schon 23-mal Welpen bekommen haben? Mir wurde ganz übel bei dem Gedanken daran. Aber 23 Würfe, das konnte in einem Hundeleben ja gar nicht funktionieren!

Ich fragte nach und bekam die Erklärung. Alle Würfe aller Hündinnen aus einem Zwinger werden gezählt und fortlaufend mit dem jeweiligen Anfangsbuchstaben bedacht. Ich war erleichtert. Die alphabetisch fortlaufende Benennung wird auch dann konsequent weitergeführt, wenn ein Züchter mehrere Rassen züchtet. Nehmen wir an, jemand züchtet Havaneser und Malteser. Den A-Wurf bekommt eine Havaneserhündin. Danach hat eine Malteserhündin Welpen. Das ist der B-Wurf. Die nächste Hündin, die dann Welpen hat (egal, ob Havaneser oder Malteser), bekommt den C-Wurf. In großen Zuchten mit mehreren Rassen und Hündinnen ist so das Alphabet manchmal schnell durch. Nach dem Z-Wurf geht es dann wieder bei A los. Ein kleiner Hobbyzüchter mit einer Hündin wird dagegen das Alphabet niemals ausschöpfen.

Zurück zu unserer W-Hündin. Im Familienrat ging es los mit der Namenssuche. Das ist bei einer vierköpfigen Familie gar nicht so einfach. Unser Jüngster wollte unbedingt einen „Waldi" oder zumindest eine „Waltraud" haben. Ich plädierte für „Wilma". Die übrigen Familienmitglieder wollten lieber was Moderneres. Schließlich entschieden wir uns für „Winona". Das passte gut zum englischen Zwingernamen und wir konnten sie verkürzt „Nona" rufen. Nona stammt übrigens aus einem Viererwurf. Ihre Geschwister heißen Woody, Wira und White Paws. White Paws wird aber nun Jannika gerufen. Es ist ja nicht vorgeschrieben, seinen Hund so zu rufen, wie es in den Papieren steht.

Viele Züchter übernehmen die Namensgebung selbst. Oft passt der Name, den sie ausgesucht haben, gut zu den Kleinen und die Welpenkäufer übernehmen den Namen als Rufname. In vielen Fällen hat aber auch der Welpenkäufer die Chance, den Namen seines Hundes selbst auszusuchen. Bei der Auswahl des Namens sollte man immer beachten, dass der Name gut zu rufen ist und zum Zwingernamen passt. Die Namenssuche macht sehr viel Spaß. Wer sich Anregungen holen will, findet im Internet sehr viele Namenslisten. Wenn der persönliche Namensfavorit nicht dem Anfangsbuchstaben des Wurfes entspricht, wird oft zu einem „Trick" gegriffen. Man stellt dem Rufnamen ein „passendes" Adjektiv voraus. So kann es dann auch in einem B-Wurf einen Pepper oder einen Charly geben, nämlich einen „Black Pepper" oder einen „Beautiful Charly". Wer sich gar nicht mit dem verlangten Buchstaben anfreunden kann oder den vom Züchter gewählten Namen nicht schön findet, kann den Hund nennen, wie er will, z.B Chilli obwohl er eigentlich im D-Wurf war und Drizzle heißt! Denn schließlich kommt es im Alltag nicht auf klangvolle Namen an, sondern darauf, dass ein Hund auf seinen Namen auch hört.

Wissen Sie, was mir aufgefallen ist?
Wir haben noch gar nichts erfahren darüber, wie so ein Hundeleben überhaupt entsteht. Eigentlich beginnt ja alles mit der Geburt. Also wird es höchste Zeit, dass wir mal das Kapitel Geburt durchstreifen. Ich zeige Ihnen dann auch ein paar Bilder, damit Sie sich das richtig gut vorstellen können. So geht es bei einer Geburt zu:

6.4. Eine Hundegeburt

Zunächst sollten Sie sich eine Wurfkiste kaufen oder selber bauen. Sie sollte so groß sein, dass sich die Hündin bequem darin ausstrecken kann und auch die Welpen in der ersten Zeit darin Platz haben. Hilfreich ist es auch, wenn der Eingang der Wurfkiste höhenverstellbar ist, damit die Welpen in den ersten Wochen ihren Platz nicht alleine verlassen können, die Mutterhündin aber bequem rein und raus springen kann. Gut geeignet hierfür ist Holz oder auch kunststoffbeschichtete Spanplatte. Die Wurfkiste sollte auf kleinen Füßen stehen, damit Bodenkälte nicht aufsteigt. Am besten eignet sich für das Auslegen der Wurfkiste ein zurecht geschnittenes Vetbed oder Drybed, da sie weich und warm sind, Feuchtigkeit nach unten abgeben und keine aufsteigen lassen. Unter das Vlies kann man eine Gummimatte legen damit der Urin nicht ins Holz zieht. Die Hündin sollte genug Zeit haben, sich schon mal an die Wurfkiste gewöhnen zu können. Stehen sollte die Kiste an einem ruhigen und zugfreien Ort. Ca. 2 Wochen vor dem errechneten Geburtstermin sollten Sie anfangen die benötigten Utensilien zusammenzustellen.

Checkliste:

- Telefonnummer des Tierarztes
- Bettlaken
- Handtücher
- Vetbed
- Babywaage
- Zahnseide oder Nabelklemmen
- Schere
- Block, Stift
- Wassernapf
- Traubenzucker
- Rescue-Tropfen (Bachblüten-Notfalltropfen zur Anregung des Kreislaufs)
- Pulsatilla-Tropfen für die Hündin nach der Geburt
- Kalzium
- Fieberthermometer
- Thermometer für Raumtemperatur
- Wärmflasche und Körbchen für die Welpen (für die Zeit, in der die Wurfkiste und die Hündin nach der Geburt gesäubert werden)
- Unterschiedlich farbige Wollfäden zur Markierung der Welpen, wenn sie sich sehr ähnlich sehen.

Bei einem Havaneser ist es besser, die langen Haare am Bauch und den Zitzen zu kürzen, da die Welpen so den Zugang zur Milchbar besser finden und sich nicht im langen Fell verfangen können. Informieren Sie sich so gut wie möglich über Trächtigkeit und Geburt, fragen Sie z.B. auch Ihren Züchter um Rat, vielleicht ist er ja bereit das erste Mal dabei zu sein.
Fragen Sie Ihren Tierarzt, ob er zum Geburtstermin da ist und auch gegebenenfalls nachts erreichbar ist, falls Komplikationen auftreten. Bereiten Sie die Wurfprotokolle vor. Auszufüllen ist die Uhrzeit der Geburt, Geschlecht, Farbe und Gewicht.
Ab dem 56. Tag der Trächtigkeit stellen Sie sich auf die Geburt ein. Hierzu wird bei der Hündin morgens und abends die Temperatur gemessen und notiert. Die normale Temperatur liegt bei ca. 38,5 C°. Da Sie schon frühzeitig mit der Messung beginnen, kann man gut erkennen, welche Normaltemperatur Ihre Hündin hat. Ab dem 60. Tag sollte 4-5-mal täglich gemessen werden. Ungefähr 12 Stunden vor der Geburt senkt sich die Temperatur um 1,5-2°C, allerdings nur für eine kurze Zeit. Um diesen Zeitpunkt nicht zu verpassen, messen Sie alle 2 Stunden die Temperatur. Wenn die Temperatur dann wieder ansteigt, können Sie mit dem Beginn der Wehen rechnen. Viele Hündinnen werfen zwischen dem 58. und 63. Tag. Einige lassen sich auch bis zu 66 Tagen Zeit mit der Geburt.

Nun geht es also los. Das erste Anzeichen hierfür ist, dass die Hündin unruhiger wird und Sie merken, dass sie sich unwohl fühlt. Die Hündin sondert an der Vagina weißen Schleim ab. Sie wird nichts mehr fressen wollen, läuft unruhig hin und her und buddelt verstärkt in ihrer Wurfkiste, die genügend mit Bettlaken und Handtüchern ausgelegt sein soll, um ihren „Nestbau" zu betreiben. Diese kann man während der Geburt schnell auswechseln, wenn sie durch Fruchtwasser und Blut nass geworden sind.
Sie verspürt den Drang sich ständig zu entleeren. Man bemerkt, dass sie anfängt verstärkt zu hecheln; dieses ist ein eindeutiges Zeichen und die Geburt wird jetzt bald einsetzen.
Die Hündin braucht Ruhe, aber bitte bleiben Sie ab jetzt bei ihr, um sie beruhigen zu können oder im Notfall einzugreifen.
Die Eröffnungswehen erkennt man daran, dass sie wie Wellen durch den Körper gehen. Dann dauert es meistens nicht mehr lang bis der erste Welpe geboren ist. Die Hündin kann im Stehen, Sitzen oder Liegen werfen, bitte überlassen Sie der Hündin die bequemste Position. Die Hündin stemmt sich an der Wurfkiste ab, macht einen krummen Rücken und streckt die Rute in einem unnatürlichen Bogen ab. Die Hündin wird jetzt deutlich pressen, manche schreien auch beim ersten Welpen. Die Kleinen können mit dem Kopf voran oder aber auch in Steißlage, mit dem Po voran, geboren werden. Beides ist normal.

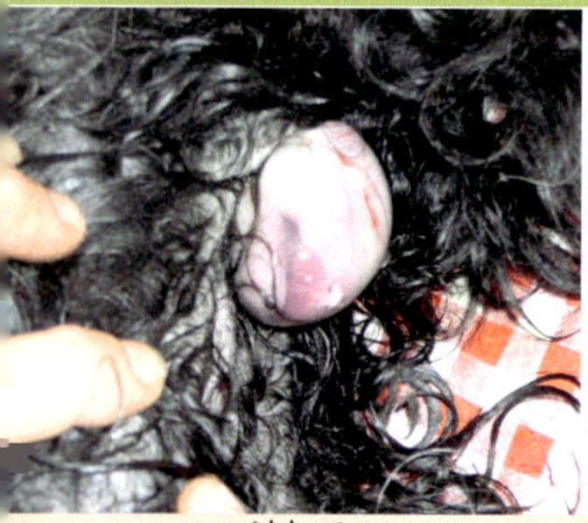
Abb. 1

Abb. 2

Abb. 3

Abb. 4

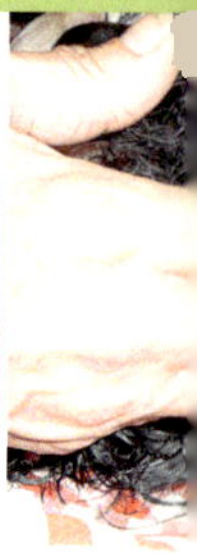

Abb. 1: Auf diesem Foto sehen Sie die Geburt eines Welpen mit dem Kopf voran. Auf dem Bild können Sie vorne gut das Maul mit der ausgestreckten Zunge, die kleine Nase, Augen und Ohren erkennen.
Abb. 2: Nun ist der Welpe ganz geboren und befindet sich noch in der Fruchtblase.
Abb. 3: Jetzt muss der Welpe von seiner Fruchtblase befreit und nachgeschaut werden, ob das Mäulchen des Welpen frei ist. Die Hündin nabelt den Welpen ab, indem sie die Nachgeburt abbeißt. Wichtig ist in dem Moment, zur Sicherheit den Welpen am Nabel fest zu halten. Die Nachgeburt wird von der Hündin gefressen, welches für die Mutter sehr wichtig ist, da dort wichtige Nährstoffe für sie enthalten sind.
Abb. 4: Um den Welpen abzunabeln, kann man mit dem Fingernagel die Blutzufuhr unterbrechen. Manche Züchter nehmen hierfür auch eine Nabelklemme. Ich finde es allerdings einfacher, es mit dem Fingernagel zu machen. Die Hände müssen natürlich vorher gründlich desinfiziert sein. Danach wird die Nachgeburt mit einer sterilen Schere bei einer Nabellänge von ca. 3-5 cm durchgetrennt. Auch nach der Geburt sind die Welpen schon sehr agil und robben zum Gesäuge der Hündin. Da finde ich so eine Nabelklemme doch sehr störend für den Welpen.
Abb. 5: Auf dem Foto sieht man die Geburt eines Welpen in Steißlage mit dem Po voran. Hier kann es verstärkt dazu kommen, dass Fruchtwasser in die Lunge gerät. Um das festzustellen, hält man sich den Welpen ans Ohr und lauscht ob die Lunge frei ist. Hört man ein säuselndes Geräusch ist noch Wasser in der Lunge. Dann kann man sich den Welpen nehmen, am Besten in einem Handtuch eingewickelt, damit man den Kleinen sicher halten kann, und schleudert ihn vorsichtig mit dem Kopf nach unten, so dass das Wasser raus fließen kann. Oder man gibt ein wenig von den Rescue-Tropfen ins Mäulchen der Welpen.
Abb. 6: Nun ist auch dieser Welpe geboren. Wichtig ist, dass die Welpen die ganze Zeit bei der Mutter sind, auch wenn die Geburt noch nicht abgeschlossen ist. Durch das Saugen und Trinken wird die Wehentätigkeit weiter angeregt und die Geburt geht schneller voran. Die Hündin würde sonst unruhig werden und ihre Welpen suchen. Auch ist die Körperwärme der Mutter wichtig, da die Welpen ihre eigene Temperatur noch nicht selber halten können.
Abb. 7: Natürlich kann es auch mal vorkommen, dass die Fruchtblase schon früher platzt. So ist die Geburt des Welpen natürlich schwieriger, da die Fruchtblase sehr glatt ist und dadurch der Welpe leichter durch den Geburtskanal gleiten kann. Bei Welpen die mit dem Kopf voran geboren werden, ist es allerdings nicht so schlimm. Man sollte die Fruchtblase nicht öffnen, solange der Welpe noch nicht ganz geboren wurde. Besonders schwierig ist die Geburt in Steißlage, wenn die Fruchtblase geplatzt ist, so wie auf dem Foto. Die Wuchsrichtung der Haare des Welpen verläuft nun gegen den Strich und bremst das Herauskommen des Welpen, da das Fell sich aufrichtet und es so wie Schmirgelpapier wirkt.

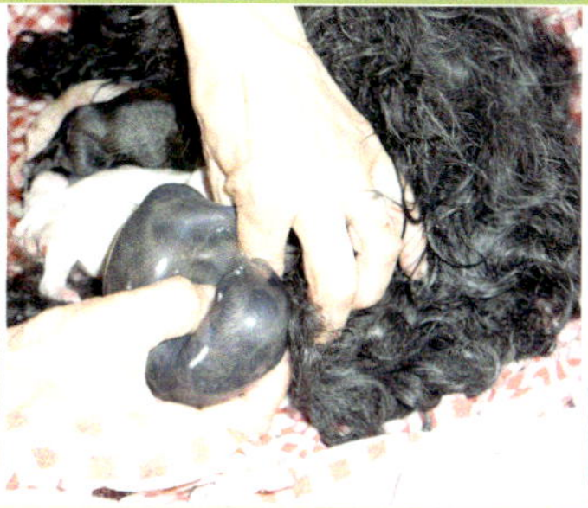

Abb. 6

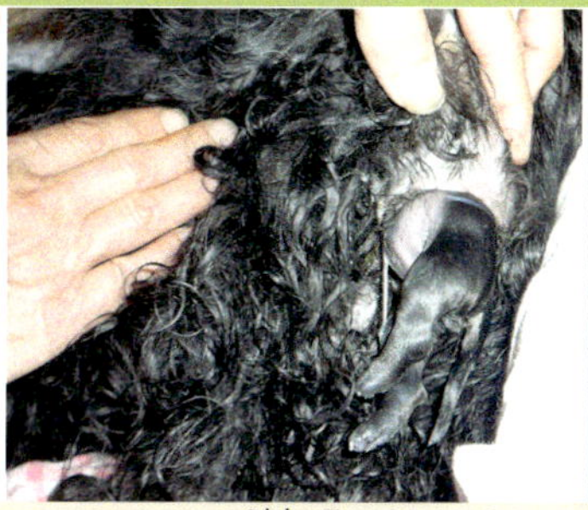

Abb. 7

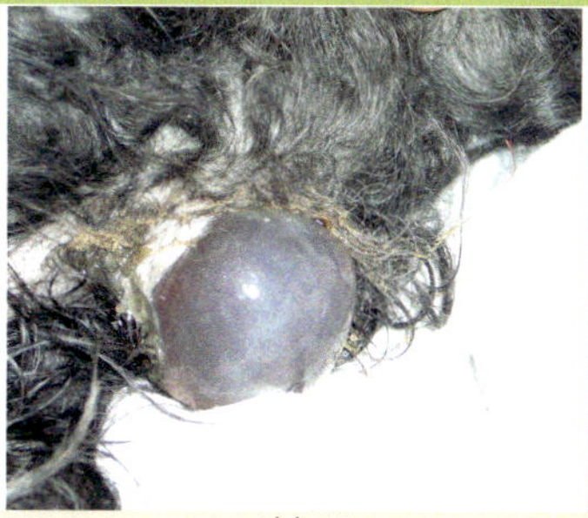

Abb. 8

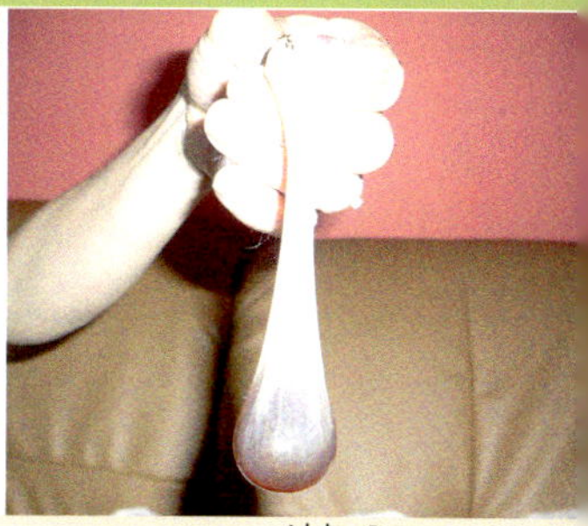

Abb. 9

Abb. 8: Auch kann es sein, dass leere Fruchtblasen geboren werden. In dem Fall hat keine Befruchtung stattgefunden oder der Embryo ist schon früh abgestorben.
Abb. 9: So sieht eine leere Fruchtblase aus.

Während der Geburt sollte der Hündin immer mal wieder Wasser angeboten werden. Noch besser ist es, wenn darin Traubenzucker aufgelöst wurde oder man kann ihr auch eine selbst gekochte, ungewürzte Fleischbrühe reichen, damit die Hündin während der Geburt bei Kräften bleibt.

Ganz wichtig ist es, darauf zu achten, dass genau so viele Nachgeburten wie Welpen geboren wurden, dieses sollte zur Sicherheit auch notiert werden. Falls es nicht so ist, muss die Hündin beim Tierarzt vorgestellt werden. Hilfreich ist es auch, der Hündin nach der Geburt Pulsatilla-Tropfen zu geben. Dadurch reinigt sich die Gebärmutter besser und die Nachblutung klingt schneller ab. Nun können die Welpen, solange wie Wurfkiste und Hündin gesäubert werden, in ein Körbchen gelegt werden, das mit einer Wärmflasche und weichen Tüchern ausgelegt ist.
Gerade bei Kleinhunderassen wie dem Havaneser kann es im ersten Monat nach dem Werfen Dazu kommen, dass die Mutterhündin Säugekrämpfe, die sogenannte Eklampsie bekommt. Dieses entsteht durch Kalziummangel. Man merkt es daran, dass die Hündin unruhig ist, hechelt, sich ständig hinlegt und wieder aufsteht. Im späteren Stadium wird sie ganz steif, hat Muskelzuckungen und unkoordinierte Bewegungen. Bei zu später Feststellung kann die Hündin daran sterben. Man sollte schnellstmöglich zum Tierarzt fahren, damit sie eine Kalziumspritze bekommt, allerdings müssen danach die Welpen 24 Stunden mit der Hand ernährt werden.
Vorbeugend gibt man der Hündin während der Zeit des Säugens Kalzium.
Selbstverständlich ist eine gute und vitaminreiche Ernährung der Hündin sehr wichtig, denn die Welpen verlangen ihr einiges ab!

Da bin ich wieder!
War das nicht der Hammer? Und dann haben Sie neun bis zehn Wochen später so ein kleines Hundekind bei sich zu Hause. Lesen Sie im nächsten Kapitel einmal etwas zum Thema Erbkrankheiten, denn es kann leider immer einmal passieren, dass Mutter Natur auch unliebsame Überraschungen bereithält.

6.5. Erbkrankheiten einfach erklärt

Mit dem Havaneser haben Sie sich für eine gesunde und recht robuste Rasse entschieden. Jedoch machen Erbkrankheiten auch vor diesen fröhlichen und munteren Gesellen nicht halt. Natürlich will ich Ihnen keine Angst machen und in den meisten Fällen bleibt Ihr Havi bis zu seinem Lebensende von diesen Krankheiten verschont, aber trotzdem möchte ich hier die wichtigsten Erkrankungen mit einfachen Worten beschreiben. Dazu gehören erbliche Augenkrankheiten wie Grauer Star (Katarakt) und die Erkrankung der Netzhaut (progressive Retina Atrophie; PRA). Auf keinen Fall darf man die Patellaluxation (PL), womit ein Ausrenken der Kniescheibe gemeint ist, vergessen.

Patellaluxation (PL)

Die Kniescheibe (Patella) liegt in einer Gleitrinne, in der sie bei Bewegung auf und ab gleitet. Diese Gleitrinne ist der untere Abschnitt des Oberschenkelknochens. Der untere Teil der Patella ist mit einer Sehne am Schienbein befestigt, der obere ist in einer Sehne des Oberschenkelmuskels eingelagert. Wenn diese Rinne nicht tief genug ist, die Knochen des Ober- und Unterschenkels nicht gerade übereinender stehen (X- oder O- Beine) oder die Sehnen und Muskeln der Hinterbeine nicht stark genug sind, kann die Kniescheibe die Gleitrinne verlassen (luxieren).

Die Luxation wird je nach Ausprägung in 4 Grade eingeteilt:
Grad 1: Die Kniescheibe kann durch Druck aus der Gleitrinne geschoben werden. Sie nimmt selbstständig bei nachlassendem Druck ihre normale Position wieder ein.
Grad 2: Die Kniescheibe kann durch Druck verlagert werden und springt nur durch Bewegung oder Druck in ihre Ausgangsposition zurück.
Grad 3: Die Patella befindet sich außerhalb der Gleitrinne. Mit Druck kann sie zurückbefördert werden, bei nachlassendem Druck springt sie wieder aus ihrer Rinne.
Grad 4: Die Patella kann nicht mehr in eine korrekte Position gebracht werden.

Erste Anzeichen für diese Erkrankung sind das Hochziehen eines Hinterbeins oder das Laufen auf drei Beinen. Wenn der Hund stehen bleibt, ein Bein streckt und normal weiterläuft, kann das auch ein Anzeichen sein. Durch das Strecken des Beins kann die Patella wieder in ihre richtige Position rutschen. Die gleichzeitige Bewegung der Hinterbeine wie bei einem Kaninchen ist eventuell auch ein Indiz für PL. Um Schädigungen im Gelenk wie Entzündungen, Arthrose oder Knorpelschäden zu vermeiden, sollte man bei einem Tierarzt vorstellig werden. Dieser wird den Hund im Stehen und auf der Seite liegend untersuchen. Im Stehen werden die Stellung der Knochen und die Muskulatur geprüft. Die Lage der Kniescheibe wird ertastet. Die Feststellung des Luxationsgrades (Grad 1-4) erfolgt im Liegen. Die Untersuchungen sollten ohne Beruhigungsmittel durchgeführt werden, da diese zur Erschlaffung des Bandapparates führen können und somit das Ergebnis verfälscht werden kann. Bei diagnostizierter Patellaluxation ist die Behandlung vom Grad der Luxation abhängig. Ausgedehnte Spaziergänge, am besten bergauf, stärken Muskeln und Bänder. Dadurch bleibt der Hund bei einer leichten PL möglicherweise beschwerdefrei.
Bei einem schwerwiegenden Befund sollte operiert werden. Dabei wird in der Regel die Gleitrinne vertieft und die die Kniescheibe haltenden Sehnen werden gekürzt. Normalerweise kann das operierte Bein nach 6 Wochen wieder voll belastet werden.

Nun stellt sich die Frage, was man machen kann, damit der eigene Vierbeiner nicht von dieser Krankheit heimgesucht wird. Am Besten ist es, einen Welpen bei einem seriösen Züchter zu kaufen, der beide Elterntiere regelmäßig auf Patellaluxation untersuchen lässt. Dieses sollte man sich notfalls auch durch ärztliche Untersuchungsberichte nachweisen lassen. Aber selbst wenn die Eltern frei von PL sind, heißt das noch lange nicht, dass die Nachkommen keine Patellaluxation bekommen können. Wenn z. B. ein Deckrüde keine PL aufweist, kann er trotzdem genetisch belastet sein. Es ist möglich, dass die Belastung sich unterhalb eines Schwellenpunktes befindet. Trifft er nun auf eine Zuchthündin die ähnlich veranlagt ist, kann bei den Nachkommen Patellaluxation auftreten, wenn durch die Addition der elterlichen Belastung der Schwellenwert überschritten wird.

Katarakt

Katarakt (Grauer Star) kann durch Krankheiten wie z.B. Diabetes oder durch Verletzungen des Auges entstehen. In den meisten Fällen ist Katarakt jedoch genetisch bedingt (heriditärer Katarakt). Katarakt bezeichnet die Trübung der Augenlinse, was zum Erblinden führen kann. Häufig wird diese Krankheit bei der jährlichen Routineuntersuchung beim Tierarzt (z.B. beim Impfen) durch einen Blick in die Augen diagnostiziert. Festgestellte Verhaltensmuster wie Orientierungslosigkeit in fremder Umgebung sollten dem Veterinär mitgeteilt werden.
Katarakt kann nicht medikamentös behandelt werden. Eine Operation wird in der Regel ambulant durchgeführt und verspricht einen guten Erfolg. Die allgemeinen Operationsrisiken z.B. durch die Narkose darf man natürlich nicht vergessen. Die am häufigsten angewandte Operationsmethode zertrümmert mittels Ultraschall die getrübte Linse und wird durch einen kleinen Schnitt abgesaugt. Anschließend wird sie durch eine Kunstlinse ersetzt. Die wiedergewonnene Sehfähigkeit wird die Lebensqualität Ihres Tieres enorm steigern und Spielfreude und Lebendigkeit kehren zurück.

Wie kann durch Vererbung entstehender Katarakt vermieden werden? Grauer Star ist eine dominante Erbkrankheit, die nur von einem befallenen Elterntier weitergegeben werden kann. Kataraktfreie Eltern haben immer gesunde Welpen. Seriöse Züchter lassen ihre Zuchthunde regelmäßig auf Katarakt untersuchen und können dieses auch nachweisen. Problematisch ist, dass Katarakt erst nach einigen Jahren auftreten kann. Das heißt, wenn z.B. beim Deckrüden im Alter von vier Jahren Katarakt diagnostiziert wird, kann er schon vorher etliche Nachkommen gezeugt haben. Also gibt es auch hier keine 100 % Garantie.

Progressive Retina Atrophie (PRA)

Mit Progressiver Retina Atrophie bezeichnet man eine vererbbare Krankheit. Durch eine Unterversorgung der Netzhaut mit Blut sterben zuerst die für das Dämmerungssehen zuständigen Sinneszellen ab. Diese Zellen werden Stäbchen genannt. Dann folgen die zur Farbwahrnehmung angelegten Zellen (Zapfen). Es handelt sich um einen nicht durch eine Operation zu stoppenden, schmerzfreien Krankheitsverlauf, der mit Erblinden endet.
Die Krankheit wird rezessiv vererbt. Sie kann Generationen überspringen und man hat keine Garantie, dass der eigene Hund nicht befallen ist, wenn die Eltern gesund sind. Trotzdem sollte man darauf achten, dass die Eltern regelmäßig auf PRA untersucht wurden und frei von dieser Krankheit sind.

Fazit

Ein Hund ist ein Lebewesen und kein Plüschtier. Niemand kann garantieren, dass der geliebte Vierbeiner von Krankheiten verschont bleibt. Die Forschung ist bemüht, Gentests zu entwickeln, um Erbkrankheiten auszumerzen. Für Havaneser sind leider noch keine Tests durchführbar.
Bis es soweit ist, kann man sich seinen Welpen nur bei einem qualifizierten Züchter, der in einem seriösen Verband Mitglied ist, aussuchen. Dieser wird auch nach dem Kauf mit Rat und Tat weiterhelfen.

Ja, so ist das. Und ganz wichtig noch mal: Bitte achten Sie darauf, woher Sie Ihren Hund bekommen, ein Vermehrer wird genau auf diese Erbkrankheiten und deren Untersuchungen keinen Wert legen. Auch einem verantwortungsvollen Züchter kann so etwas schon mal passieren, aber dann haben Sie wenigstens jemanden, der Ihnen hilfreiche Tipps und Ratschläge geben kann und Sie und den Hund unterstützt.
Wo wir gerade beim Thema Erbkrankheiten waren, wollen wir doch auch einmal kurz beleuchten, was es mit der Vererbung so auf sich hat.

6.6. Kleine Einführung in die Vererbungslehre

Die Vererbungslehre (Genetik) ist ein sehr interessantes, aber auch äußerst komplexes Thema. Deshalb kann hier auch nur ein kleiner Einblick gegeben werden.
Ein Havaneser besitzt insgesamt 39 Chromosomenpaare – der Mensch nur 23!

In den Chromosomen sind die kompletten Erbinformationen gespeichert – von den Charaktereigenschaften über das Aussehen bis hin zur Größe und Farbe. Das schließt natürlich auch Erbkrankheiten ein, die von Generation zu Generation weitergegeben werden.

Die Chromosomenpaare sind zu einem dicken Strang, ähnlich einem Reißverschluss, gedreht. Beide Seiten dieses Reißverschlusses können unterschiedliche Informationen für ein Gen tragen. Jedes Gen hat auf diesem Strang einen Partner, quasi sein Gegenüber. Diese beiden Gene nennt man allele Gene oder auch Allele – sie gehören zusammen.

Zu unterscheiden sind dominante Allele, die sich stets durchsetzen, und rezessive Allele, die unterdrückt sind. Letztere werden quasi versteckt weitervererbt und wirken sich nur aus, wenn zwei rezessive Allele zusammentreffen. Für das dominante Allel werden in der Genetik Großbuchstaben verwendet, für das rezessive Kleinbuchstaben.

Wenn ein Paar die gleichen Allele besitzt, so nennt man es homozygot (reinerbig). Besitzt es unterschiedliche Allele, bezeichnet man es als heterozygot (mischerbig). Man unterscheidet zudem zwischen Genotyp (welche Gene der Hund in sich trägt) und Phänotyp (wie der Hund aussieht).

Anhand eines Beispiels soll erklärt werden, wie die Farbvererbung beim Havaneser aussehen kann.

BB Der Havaneser ist reinerbig schwarz
Phänotyp: schwarz
Genotyp: vererbt ausschließlich die Farbe schwarz

Bb Der Havaneser ist mischerbig schwarz
Phänotyp: schwarz
Genotyp: vererbt schwarz dominant und die Farbe chocolate rezessiv

bb Der Havaneser ist reinerbig chocolate
Phänotyp: chocolate
Genotyp: vererbt nur die Farbe chocolate, allerdings nur rezessiv

Wie sieht es mit den Farben der Welpen aus, wenn man Hunde mit den genannten Genen verpaart? Auf der nächsten Seite finden Sie erklärende Grafiken zur Genetik.

Drei Beispiele auf Grundlage der Mendelschen Regeln für die Vererbung:

1. Verpaarung: BB (reinerbig dominat schwarz) mit bb (reinerbig rezessiv chocolate)

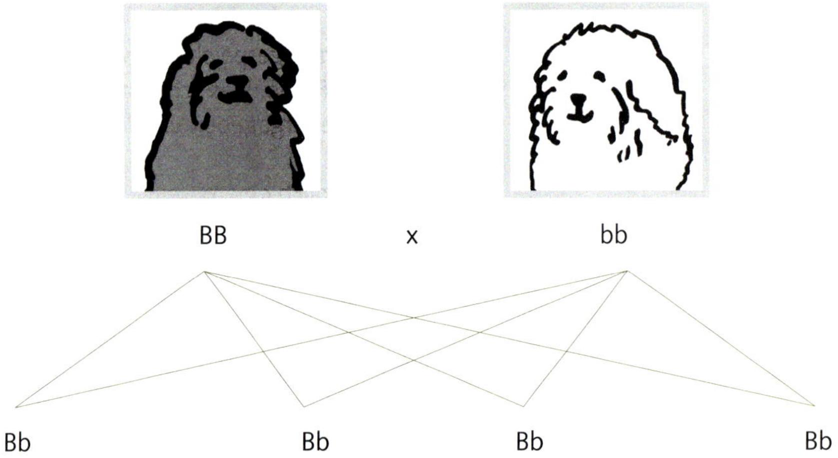

Alle Welpen sind schwarz, da die schwarze Farbe dominant vererbt wird. Die Welpen können aber die Chocolate-Erbinformation, die rezessiv vorhanden ist, an nachfolgende Generationen vererben.

2. Verpaarung: Bb (mischerbig schwarz) mit bb (reinerbig rezessiv chocolate)

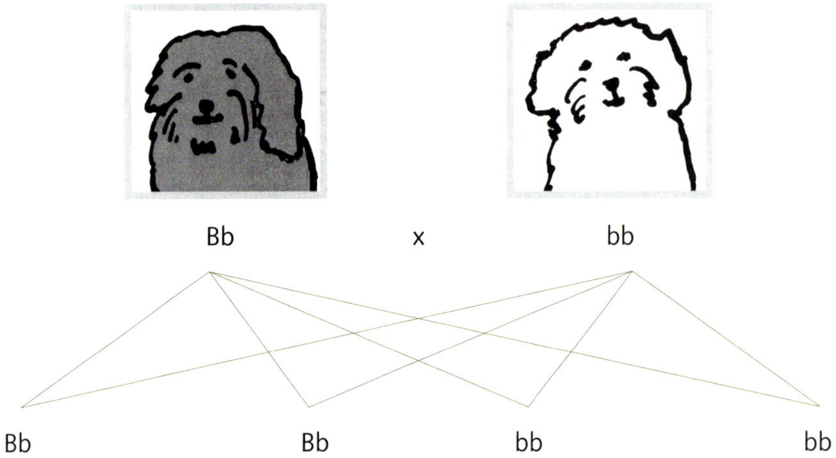

50 Prozent der Welpen sind phänotypisch schwarz, tragen aber verdeckt auch die Erbinformation für chocolate in sich.
50 Prozent der Welpen sind phänotypisch chocolatefarben (bb).

3. Verpaarung: Bb (mischerbig schwarz) mit Bb (mischerbig schwarz)

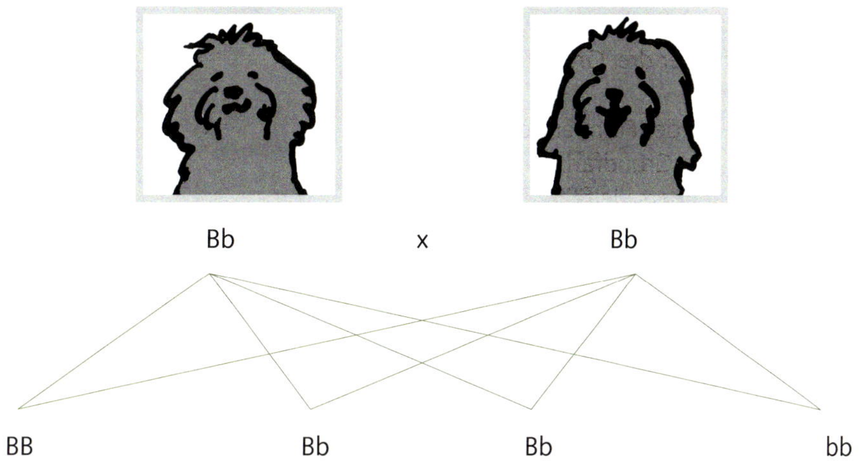

25 Prozent der Welpen sind schwarz und besitzen ausschließlich die Erbinformation für schwarz (BB).
50 Prozent sind phänotypisch schwarz, tragen allerdings auch das rezessive Chocolate-Allel in sich (Bb).
25 Prozent der Welpen sind chocolatefarben und besitzen ausschließlich die Erbinformation für choclate (bb).

Das hört sich zwar recht einfach und überschaubar an, doch ganz so simpel ist es nicht.

Zwar kann ein Züchter aufgrund der Fellfarben der Vorfahren der Elterntiere abschätzen, welche Farben bei den Welpen zu erwarten sind. Auch mag er nach mehreren Würfen, an denen die gleichen Elterntiere beteiligt waren, wissen, welche Farben sich bei den Welpen durchsetzen. Doch die Natur lässt sich nicht so einfach in die Karten schauen und so kann es vorkommen, dass in einem Wurf, je nach Aufeinandertreffen von rezessiven Allelen plötzlich einmal unerwartete Farben auftauchen.

Denn gerade die rezessiven Erbinformationen haben es in sich, da sie versteckt weitergegeben werden und erst in der „richtigen" Kombination phänotypisch in Erscheinung treten.
Außerdem muss man wissen, dass es beim Havaneser zahlreiche Genserien gibt, die für Fellfarbe und Zeichnung verantwortlich sind.

Je Serie kann der Havaneser immer nur zwei Allele in seinem Erbgut tragen bzw. weitergeben. Hier ein kurzer Überblick:

1. Aguti- oder Grundfarbenserie: Sie umfasst die Farben schwarz, sable (zobel) und black and tan (schwarz mit lohfarbenen Abzeichen). Jeder Hund besitzt eine dieser Grundfarben. Entweder er hat beide allele Gene von derselben Farbe, ist also reinerbig (homozygot) oder er hat zwei verschiedene der drei Grundfarben-Genen, ist also mischerbig (heterozygott).

Die anderen Gene, die bei der Farbvererbung mitwirken, können die Grundfarbe jedoch verändern oder überdecken: Die Grundfarben-Gene sind stets vorhanden, aber die Farbe tritt nicht immer in Erscheinung. Besonders vielfältig präsentiert sich die Farbe zobel. Als Welpen sind zobelfarbene Havaneser oft noch sehr dunkel. Im Laufe der Zeit hellt die Farbe dann zunehmend auf.

2. Schwarz- oder B-Serie: Das dominante Allel „B" ermöglicht die Bildung von schwarzem Pigment, das rezessive Allel „b" verhindert schwarzes Pigment vollständig und sorgt für schokoladenbraune Färbung.

3. Chinchilla- oder C-Serie: Die beiden Allele dieser Serie reduzieren die Melanin-Bildung und sorgen für cremefarbenes Aussehen. Je nach Ausprägung kann das creme sehr hell ausfallen. Zur C-Serie gehören noch drei weitere Allele, die für extremes Verblassen der Färbung bis hin zum Albino verantwortlich sind.

4. Dilutions- oder D-Serie: Hier sorgt das Allel „d" für eine Farbschwächung des dunklen Pigments. So wird aus schwarz ein blauschwarz. Die Farbverdünnung wirkt auch auf dunkelbraun.

5. Extensions- oder E-Serie: Diese sogenannte Ausdehnungs-Serie bestimmt die mögliche Ausdehnung von dunklem Pigment auf dem Körper des Havanesers. Die Allele dieser Serie sind unter anderem für die dunkle Maske verantwortlich oder für die Umwandlung von schwarzem Haarpigment in gelb, so dass der Hund goldfarben erscheint.

6. Vergrauungs- oder G-Serie: Das dominante Gen „G" verursacht bei schwarzen Welpen ein vorzeitiges Vergrauen. In jüngeren Jahren bilden sich immer mehr weiße oder graue Haare bei schwarzhaarigen Havanesern, bis schließlich der Hund ganz ergraut sein kann.

7. Scheckungs- oder S-Serie: Die Allele dieser Serie sorgen für die Weißscheckung der Hunde. Die Scheckung kann verschieden ausgeprägt sein und von weißen Pfoten, Schwanzspitzen und Halsabzeichen über Particolor-Färbung (halb Grundfarbe, halb weiß) bis hin zu weißen Havanesern mit nur noch einzelnen Abzeichen und Flecken.

8. Tüpfelungs- oder T-Serie: Die Tüpfelung ist nur in weißen Abzeichen zu sehen, und zwar in Form von kleinen oder größeren Tupfen in der Grundfarbe des Hundes. Überwiegend weiße Hunde können farbige Abzeichen sowie auch Tupfen haben.

Man sieht also, dass in Sachen Fellfarbe, die für viele angehende Hundebesitzer ein Hauptkriterium bei der Auswahl ihres Welpen ist, beileibe nicht alles einfach vorhersehbar ist. Auch wenn zwei helle Elterntiere verpaart werden, hat man nicht unbedingt die Gewähr dafür, dass alle Welpen helles Fell haben. Auf der anderen Seite kann auch bei dunklen Elterntieren immer einmal eine farbliche Überraschung bei den Welpen herauskommen. Havaneser sind, anders als zum Beispiel die stets reinweißen Malteser, farblich eine Wundertüte. Und eben diese Vielfalt der Farben macht ein Stückchen des Reizes dieser Rasse aus.

Die Genetik hat es in sich – und zwar längst nicht nur bei der Fellfarbe. Nach den vorgestellten Grundregeln werden auch alle anderen Erbinformationen weitergegeben. Zum Beispiel die Informationen zur Felllänge. Treffen die entsprechenden Gene zusammen, kann es in einem ansonsten völlig normalen Wurf auch einmal kurzhaarige Welpen geben. Über diese Kurzhaar-Havaneser wird an anderer Stelle noch ausführlicher berichtet. Fellfarbe und -länge sind das eine, doch am wichtigsten ist ganz sicherlich die Vermeidung von Erbkrankheiten. Denn auch Patellaluxation oder Katarakt, die beiden beim Havaneser am häufigsten auftretenden Krankheiten, werden vererbt. Deshalb sind bei Zuchttieren die regelmäßigen Untersuchungen auf diese Krankheiten so wichtig, um betroffene Hunde sofort aus der Zucht nehmen zu können und die Gesundheit der Rasse zu erhalten bzw. zu verbessern. In der „Tücke" der verdeckt vorhandenen rezessiven Allele und der Tatsache, dass an zahlreichen Vererbungsgängen nicht nur ein Genpaar, sonderrn mehrere Gene beteiligt sind (polygener Erbgang) liegt es dabei, dass auch gesunde Elterntiere kranke Nachkommen zeugen können. Das gilt nicht nur für PL und Katarakt, sondern beispielsweise auch für Gebissanomalien (zum Beispiel Vorbiss) oder Leistenhoden.

7. Rund um die Gesundheit

Widmen wir uns nun mal dem Thema Gesundheit. In der Regel sind wir sehr robuste, kleine Hunde, aber hin und wieder haben wir, wie jedes Lebewesen eben auch, mal ein Problemchen. Bitte gehen Sie dann gleich mit uns zum Tierarzt, denn wir können ja leider nicht sagen wo es gerade drückt.
Zunächst können wir ein wenig über die Gesundheitsvorsorge lesen. Denn wenn Sie gut vorsorgen, dann haben wir im Nachhinein vielleicht nicht so viele Probleme. Ach ja, und über unsere kleinen Mitbewohner erfahren Sie hier auch was. Wurm, Floh und Kollegen.
Igitt, mich juckt es schon wieder.

7.1. Regelmäßige Gesundheitsvorsorge

Jeder Hundehalter hofft, dass sein vierbeiniger Freund möglichst lange und gesund lebt und eines Tages einfach friedlich einschläft. Leider ist das aber nur selten der Fall, denn Krankheiten oder Unfälle sind häufig an einem frühzeitigen Tod schuld. Viele Erkrankungen lassen sich jedoch durch eine regelmäßig durchgeführte Gesundheitsvorsorge verhindern oder zumindest frühzeitig erkennen.

Erkrankungen frühzeitig erkennen

Krankheiten, die bereits ein fortgeschrittenes Stadium erreicht haben, sind meist schwerer zu behandeln oder – im schlimmsten Fall – nicht mehr heilbar. Den ersten Schritt zur Früherkennung einer Erkrankung Ihres Vierbeiners können Sie selbst tun.

Beobachtung durch den Tierbesitzer

Abweichungen im gewohnten Verhalten und Aussehen des vertrauten Tieres werden bei aufmerksamer Beobachtung offensichtlich. Sie sind häufig die ersten Anzeichen einer Erkrankung. Ein gestörtes Allgemeinbefinden äußert sich durch apathisches Verhalten, der Vierbeiner liegt viel und hat wenig Appetit. Auch die Körperhaltung kann Ihnen etwas verraten: Sitzt oder steht Ihr Tier mit aufgekrümmtem Rücken, ist es berührungsempfindlich oder hält es eine Gliedmaße hoch, hat es mit Sicherheit Schmerzen.
Angestrengte Atmung oder „Herzrasen“ ohne vorangegangene Anstrengung sowie Fieber sind ebenfalls Alarmzeichen für eine Erkrankung. Gesunde Hunde atmen in Ruhe etwa 20- bis 30-mal pro Minute, ihre Herzfrequenz liegt bei 80 bis 120 Schlägen in der Minute und die Körpertemperatur bei 38,5° C. Ab 39° C spricht man von Fieber. Entgegen einer häufigen Annahme kann aus einer warmen, trockenen Nase und/oder heißen Ohren nicht auf Fieber geschlossen werden. Eine verlässliche Aussage über die innere Körpertemperatur ist nur mit Hilfe eines Fieberthermometers möglich. Zum Messen der Temperatur sollte ein Thermometer benutzt werden, das einen möglichst geringen Durchmesser aufweist und unzerbrechlich ist. Ideal sind die stabilen digitalen Kunststoffthermometer. Vor der Messung wird die Thermometerspitze mit Vaseline eingefettet und zum Einführen des Thermometers der Schwanz des Tieres zur Seite (nicht nach oben!) gezogen.

Ein struppiges, stumpfes Fell kann ein Hinweis auf eine innere Erkrankung oder Parasitenbefall sein. Schwierigkeiten beim Kot- und/oder Harnabsatz sind ebenso wie häufigeres Erbrechen und Durchfall ernstzunehmende Krankheitszeichen. Sekretabsonderungen aus Augen, Nase oder Ohren deuten auf eine Entzündung hin. Tasten Sie gelegentlich einmal den ganzen Körper Ihres Vierbeiners ab, um beispielsweise Tumore rechtzeitig zu erkennen und überprüfen Sie Mundschleimhaut (beim gesunden Tier rosarot) und Zähne (Zahnbeläge, Zahnstein, abgebrochene Zähne).

Tierärztliche Vorsorgeuntersuchung

Jährliche Gesundheitskontrollen, bei denen der Tierarzt systematisch den Körper des Tieres durch eingehende Betrachtung, Abtasten und Abhören von Herz und Lunge untersucht, tragen dazu bei, Krankheiten frühzeitig auf die Spur zu kommen. Bei älteren Tieren (etwa ab dem 8. Lebensjahr, bei großen Hunden früher) sollten die Kontrollen durch eine Harnanalyse, ein großes Blutbild sowie gegebenenfalls weitere Untersuchungen ergänzt werden.

Krankheiten verhindern

Neben der artgemäßen Haltung und ausgewogenen Ernährung gibt es weitere Maßnahmen, um Ihren Hund vor Erkrankungen zu schützen:

Schutzimpfungen

Die wichtigsten Erreger von Infektionskrankheiten sind Viren und Bakterien. Eine Ansteckung des Vierbeiners kann auf direktem Weg (z.B. gegenseitiges Beschnuppern, Belecken, kämpferische Auseinandersetzung) oder indirektem (z.B. Schnüffeln an Ausscheidungen kranker Artgenossen, Übertragung des Erregers durch Hände der Bezugsperson, Schuhwerk oder Gebrauchsgegenstände wie Futterschüsseln etc.) erfolgen. Nicht nur erkrankte Tiere tragen zur Verbreitung der Infektionskrankheiten bei. Auch gesund erscheinende Hunde können die Erreger beherbergen und ausscheiden, ohne dabei selbst zu erkranken. Schutzimpfungen bieten einen wirksamen Schutz gegen die zum Teil tödlich verlaufenden Infektionskrankheiten.

Deshalb sollten Hunde immer gegen folgende Infektionen durch Impfung geschützt sein:

- Tollwut
- Staupe
- Ansteckende Leberentzündung (Hepatitis contagiosa canis, H.c.c.)
- Parvovirose (sog. Katzenseuche)
- Leptospirose (Stuttgarter Hundeseuche, Weilsche Krankheit)

Darüber hinaus stehen weitere Impfungen (z.B. gegen Zwingerhusten) zur Verfügung. Wann welche Impfungen nötig sind und wie häufig, weiß Ihr Tierarzt. Er kennt die Lebensgewohnheiten Ihres Tieres, die aktuelle Seuchenlage und ist über neue Empfehlungen der „Ständigen Impfkommission vet. (StIko Vet.)" informiert. Im Rahmen des jährlichen Gesundheitschecks berät er Sie, welche Impfungen speziell für Ihr Tier erforderlich sind und wann diese aufgefrischt werden müssen.

1. Vorbeugung gegen Parasiten

Ein starker Parasitenbefall kann bei unseren Vierbeinern zu ernsten Gesundheitsstörungen führen. Erste Anzeichen sollten Sie deshalb unbedingt beachten.

Floh & Co.

Haarlinge, Zecken, Flöhe, Läuse und Milben (Ektoparasiten) leben im Fell, auf und in der Haut. Haarlinge ernähren sich von Hautschuppen und dem aus Hautverletzungen (durch Kratzen) austretenden Sekret. Sie beunruhigen ihren Wirt durch dauerndes Umherlaufen.
Zecken, Flöhe und Läuse dagegen saugen Blut. Zecken sind vor allem für Hunde gefährlich, denn sie können während ihrer Blutmahlzeit die Erreger der Infektionskrankheiten Borreliose, Babesiose und Anaplasmose übertragen. Jede entdeckte Zecke sollte deshalb schnellstmöglich – ohne Verwendung von Hilfsflüssigkeiten – entfernt werden. Gut dafür eignen sich spezielle Haken oder Zangen, die die Zecke mit Kopf herausziehen.

Zecke auf Hundekopf

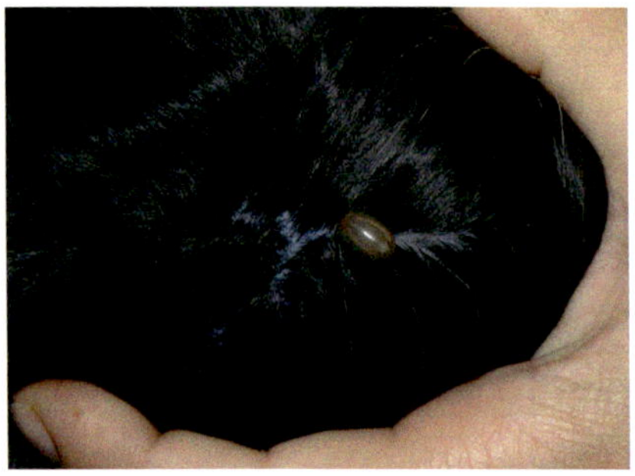

Zecke auf Küchenpapier

Flohbefall hat häufig starken Juckreiz zur Folge, der durch eine zusätzlich bestehende Flohspeichelallergie noch verschlimmert werden kann. Darüber hinaus ist der Floh Zwischenwirt für den Gurkenkernbandwurm, mit dem sich vor allem Hunde durch Zerbeißen oder Abschlucken eines befallenen Flohs infizieren.

Milben können sich völlig in die Haut eingraben und ebenfalls heftigen Juckreiz verursachen. Viele Milbenarten, die bei unseren Haustieren die „Räude" hervorrufen, sind nicht wirtsspezifisch. Das heißt, sie können bei engem Kontakt auf den Menschen übertreten und ähnliche Krankheitssymptome bewirken! Ein Milbenbefall kann nur mittels Mikroskop festgestellt werden, da die Spinnentiere mit bloßem Auge nicht zu erkennen sind.

Grasmilbenbefall

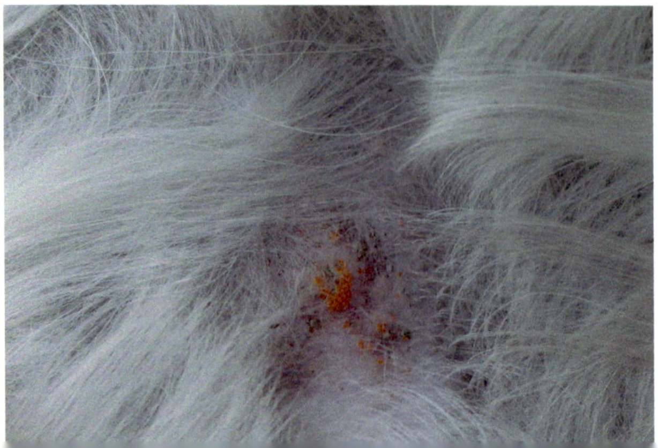

Die von den Ektoparasiten verursachten sowie die durch Kratzen und Beißen des Wirtes entstandenen Hautverletzungen bieten Eintrittspforten für Pilze und/oder Bakterien. Es entstehen Ekzeme, Haarausfall und struppiges Fell mit vermehrter Schuppenbildung. Vorbeugend und/oder zur Behandlung gegen die Parasiten werden Spot-on-Produkte, Zecken-/Flohhalsbänder oder Sprays eingesetzt.

Würmer

Band-, Spul- und Hakenwürmer (Endoparasiten) zählen zu den häufigsten Wurmarten beim Hund. Sie leben im Darm und ernähren sich vom Nahrungsbrei. Manche von ihnen besitzen am Kopfende einen Hakenkranz. Mit ihm verankern sie sich in der Darmwand und führen dort zu Verletzungen. Durch starken Wurmbefall wird dem Wirt ein beträchtlicher Anteil von Nährstoffen entzogen. Verdauungsstörungen, schlechtes Wachstum, Abmagerung, Blutarmut und struppiges, glanzloses Fell können die Folgen sein. Jungtiere sind dabei besonders betroffen.
Nur bei hochgradigem Befall gehen erwachsene Spulwürmer mit dem Kot ab oder werden erbrochen. Wurmeier sind mit bloßem Auge nicht sichtbar, sondern müssen durch eine mikroskopische Untersuchung des Kotes nachgewiesen werden. Eine verantwortungsvolle Prophylaxe beinhaltet deshalb regelmäßige Entwurmungen.
Bandwürmer, mit denen sich Hunde vor allem durch Fressen eines Zwischenwirtes (Flöhe, Haarlinge, Nagetiere) infizieren können, geben die an ihrem Ende befindlichen Glieder mit reifen Eipaketen ab. Diese können als weiße, reiskorngroße Gebilde im Kot oder am Fell rund um den After des Tieres gefunden werden. Hinweis auf Bandwurmbefall ist Juckreiz am After, der Hunde teilweise zum Rutschen über den Boden in sitzender Position („Schlittenfahren") veranlasst. Hilfreich zum Nachweis eines Bandwurmbefalls ist ein dunkler einfarbiger Stoff auf dem Lieblingsplatz des Haustiers. Auf diesem sind die Bandwurmglieder leicht erkennbar. Wichtig: Spulwürmer, Hakenwürmer und einige Bandwurmarten können auf den Mensch übertragen werden!

Bandwurm

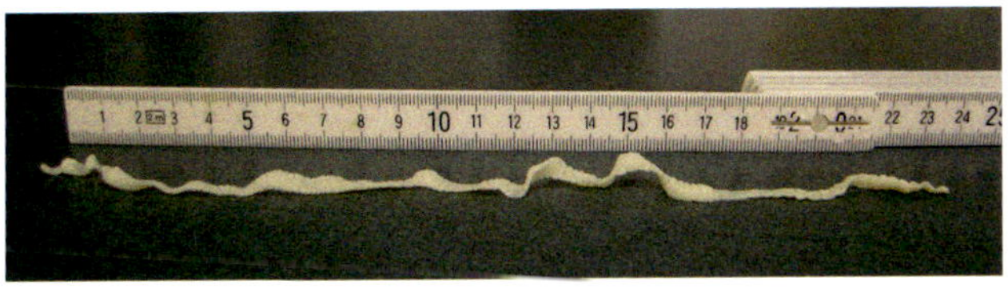

2. Vergiftungsgefahren ausschalten

Vor allem Jungtiere werden aufgrund ihrer Neugierde häufig ein Opfer von Vergiftungen. Generell sollten, ähnlich wie in einem Haushalt mit Kleinkindern, alle Chemikalien und Medikamente (junge Hunde zerbeißen gern die knisternden Packungen) sorgfältig und für Haustiere unzugänglich aufbewahrt werden. Für die Behandlung einer Vergiftung gelten folgende Grundsätze: Je früher sie erfolgt, desto größer ist die Chance, dass das Tier überlebt und bleibende Schäden an Organen verhindert werden. Bei manchen Giftstoffen ist durch ein Gegengift oder bestimmte Medikamente eine gezielte Therapie möglich (ggf. zerbissene Packungen mit zum Tierarzt nehmen).

3. Verletzungs- und Unfallgefahren abwenden

Mit verschluckten Fremdkörpern werden vor allem junge, verspielte Hunde in der Tierarztpraxis vorgestellt. An erster Stelle stehen zerbissenes Spielzeug, Knochenstücke und Steine. Hundespielzeug sollte deshalb so beschaffen sein, dass es nicht in Teile zerlegt oder im Ganzen geschluckt werden kann. Knochen gibt man dem Hund am besten nur vom Kalb und ausschließlich zum Abnagen. Außerdem sollte Ihr Hund beim Benagen von Knochen nicht übermäßig hungrig sein und bereits als Junghund daran gewöhnt werden. Dadurch lässt sich in aller Regel das gierige Verschlingen des Knochens verhindern. Eine Vielzahl von Hunden stirbt jeden Sommer im abgestellten Auto an einem Hitzschlag. Selbst bei vermeintlich kühler Außentemperatur ist durch Sonneneinstrahlung schon in wenigen Minuten eine massive Aufheizung des Innenraums möglich, und der Hund, der sich nur durch Hecheln Kühlung verschaffen kann, erleidet einen Kreislaufkollaps. Aus diesem Grund sollten Sie Ihren Hund während der warmen Jahreszeit generell nicht im Auto zurücklassen.

7.2. Giftige Zimmerpflanzen

Pflanze	
Weihnachtsstern, Christusdorn, Wunderstrauch (Krotonpflanze)	Starkes Erbrechen, Durchfall, Bewusstseinsstörungen, zum Teil tödlicher Verlauf.
Philodendron, Efeu	Schleimhautreizung, starkes Speicheln, Teilnahmslosigkeit, Temperaturerhöhung, Nervosität und Zittern, Leber- und Nierenversagen. (Die wiederholte Aufnahme geringer Mengen summiert sich im Laufe der Zeit in ihrer Schadwirkung, sodass sich die Erkrankung über Monate hinziehen kann).
Dieffenbachie, Kalla	Rötung und Schwellung der Maulschleimhäute, Juckreiz, brennende Schmerzen und starker Speichelfluss. Spritzt der Pflanzensaft ins Auge, sind massiver Tränenfluss und Bindehautentzündung die Folge.
Topfazalee	Wässriger Augen- und Nasenausfluss, Brennen auf den Schleimhäuten, Erbrechen und Durchfall, Bewegungsstörungen, Krämpfe, Lähmungen, Herzversagen.
Brechprimel	Starke Reizung , Entzündung der Schleimhäute in Mundhöhle und Verdauungstrakt.
Korallenbäumchen	Erbrechen, Kolik, Pupillenerweiterung, Kreislaufstörungen; in schweren Fällen Tod durch Atemlähmung.
Schnittblumen: Narzissen	Schwere Magen-Darm-Reizungen, u. U. auch Krämpfe mit tödlichem Ausgang. Vergiftung auch durch Aufnahme von Wasser aus der Blumenvase.
In der Weihnachtszeit: Misteln Nadelbäume	Leichte Bewegungsstörungen, apathisches Verhalten, Pupillenerweiterung, Berührungsempfindlichkeit, verstärkter Harnabsatz, abfallende Körpertemperatur, Kreislaufversagen. Reizung der Schleimhäute in Mund, Rachen und Magen-Darm-Trakt, Apathie, Verweigerung der Futteraufnahme. Bereits das Trinken von Wasser, das mit den Nadeln in Berührung gekommen ist, kann Vergiftungserscheinungen auslösen!
Grünlilie	Junge Blätter enthalten halluzinogen wirkende Substanzen. Das ausgedehnte Kauen auf diesen Trieben kann einen chronisch gedämpften Zustand hervorrufen.

Diesen Artikel aus der Broschüre „Aktiver Tierschutz" veröffentlichen wir mit freundlicher Genehmigung des Bundesverbandes Praktizierender Tierärzte e. V.

Nun wissen Sie darüber auch Bescheid. Als nächstes bekommen Sie einen etwas umfangreicheren Einblick in die Naturheilkunde.
Bitte bedenken Sie aber, wenn mir was richtig weh tut, dann brauche ich einen Tierarzt.
Aber Sie werden schon wissen, wann es wirklich nötig ist. Und hier und da ist die Naturheilkunde sowieso besser als direkt die chemische Keule. Ich verabschiede mich mal für eine Weile, Sie brauchen jetzt gewiss ein wenig länger zum Lesen. Zeit für mich, ein längeres Schläfchen einzulegen.

7.3. Die natürliche Hundeapotheke

Bewährte Naturheilverfahren wie die Homöopathie, Biochemie und Bachblütentherapie, die dem Menschen helfen, lassen sich auch bei Hunden anwenden. Bei diesen Heilmethoden werden Körper und Psyche behandelt. Es wird der Organismus im Ganzen gesehen und nicht nur die Symptome unterdrückt oder beseitigt, die die Krankheit hervorrufen. Zu einer ganzheitlichen Therapie und Gesunderhaltung des Hundes gehören außerdem eine artgerechte Haltung mit ausreichend Beschäftigung und Bewegung und die richtige Ernährung. Die drei oben genannten Heilverfahren lassen sich gut miteinander kombinieren. Auch können sie nach Absprache mit dem behandelnden Tierarzt zusätzlich zu schulmedizinisch verordneten Medikamenten gegeben werden.

Die Homöopathie? Was ist das eigentlich?

Seit über 200 Jahren gibt es die Therapiemethode der Homöopathie. Samuel Hahnemann, ein Arzt und Apotheker, hat sie seinerzeit entwickelt. Frei von Nebenwirkungen wirkt Homöopathie schnell und sanft ohne die Chemie der konventionellen Arzneimittel. Jedoch sei an dieser Stelle ausdrücklich darauf hingewiesen: Homöopathische Selbstmedikation ersetzt keinen Tierarztbesuch und im Zweifelsfall ist es immer notwendig, einen Arzt zu befragen.

Wie dosiere ich die Mittel?

Gängige Darreichungsformen sind Tropfen, Globuli (Kügelchen) oder Tabletten. Die Menge und Häufigkeit der Einnahme richtet sich nach der Schwere der Erkrankung und nach der körperlichen Reaktion. Ein wichtiger Faktor ist auch die Potenz des Medikamentes. Man findet häufig C- und D-Potenzen (D = Verdünnung 1:10, C = 1:100 selten findet man auch LM-Potenzen 1:50.000). Nun könnte man also denken, D sei stärker als C. Aber das stimmt nicht. In der Homöopathie sagt man: Je stärker die Verdünnung, desto höher die Wirksamkeit. Somit ist also eine C-Tinktur stärker als eine D-Tinktur. Für Hunde eignen sich Globuli sowie die Tropfengabe. Globuli und Tabletten können auch mit einem Mörser zerkleinert und ins Trinkwasser gegeben werden. Globuli, Tabletten oder Tropfen kann man auch auf die Lefzen geben. Bitte bedenken Sie: Die Tropfenform enthält auch immer Alkohol. Die Globuli-Kügelchen oder Tabletten werden in der Regel gerne genommen und können direkt ins Maul gegeben werden. Sie können sie aber auch in (Streich)-Wurst oder Käse drücken. Wichtig ist, dass die Mittel direkt mit der Schleimhaut im Maul in Verbindung kommen, und nicht sofort herunter geschluckt werden. Sie sollten auch nicht direkt vor oder nach den Hauptmahlzeiten gegeben werden. Wenn sich der Hund dennoch weigert ein ausgesuchtes Mittel einzunehmen, überprüfen Sie bitte noch mal Ihre Auswahl. Es kann durchaus sein, das Ihr Hund das Mittel gerade nicht braucht. Viele Hunde haben ein Gespür dafür, was sie brauchen und was nicht.

Ihrem Hund sollte es rasch besser gehen, nachdem Sie ihm das passende Mittel gegeben haben. Das sehen Sie an seinem Blick, der klarer wird, er frisst wieder normal, wirkt munterer und fängt an zu spielen. Wenn die zu behandelten Symptome verstärkt auftreten, kann dies eine so genannte Erstverschlimmerung sein. Dies ist ein Zeichen dafür, dass das richtige Mittel, aber die falsche Stärke ausgewählt wurde. Das Mittel muss dann für 2-3 Tage abgesetzt werden. Danach mit der Gabe wieder langsam anfangen.

Ein kleiner Richtwert zur Dosierung:
Große Hunderassen: 10 Tropfen oder 8 Globuli.
Mittelgroße Hunderassen: 5-8 Tropfen oder 5 Globuli.
Kleine Hunderassen, sowie Welpen erhalten die Hälfte bzw. ein Viertel der Dosis.
Sobald sich der Krankheitszustand verbessert, reduziert man die Dosierung. Nach der Heilung wird das Medikament komplett abgesetzt.
Mittel der Homöopathie sollten trocken aufbewahrt werden und vor direkter Wärme oder Lichteinwirkung geschützt werden. Als Trägerstoffe findet man Alkohol-Wassermischungen für die Darreichungsform der Tropfen, Lactose (Milchzucker) Saccarose (Rohrzucker) bei der Tabletten bzw. Globuli-Darreichung.

Folgende Dosierungen:
Welpen: 3 x täglich 3 Globuli in der Stärke D6
Erwachsene Hunde: 3 x täglich 3 Globuli, je nach Stärke der Beschwerden, Stärke von D6 - D30.
Ältere Hunde (ab ca. 10 Jahre): 3 x täglich 3 Globuli in der Stärke D6

Wichtig: Sobald die Symptome weg sind, sofort mit der Gabe aufhören!

Hier ein kleines, alphabetisches **Stichwortverzeichnis** für einige Erkrankungen, bei der sich die Homöopathie als erfolgreich erwiesen hat:

Abmagerung: Jodum D30 1 Gabe täglich
Abszesse: Hepar sulfuris D3 alle 2 Stunden
Aftererkrankungen: Einrisse in der Afterschleimhaut: Acidum nitricum D12,
Afterfisteln: Silicea D12 Acidum nitricum D12, Calcium fluoratum D12
Analdrüsen: Aesculus D3, chronisch: Silicea D30
Allergie: Apis D3 bei Nesselsucht Apis D30
Angstzustände: Belladonna D30 Sylvester: Borax D3
Bänder/Sehnen: Rhus Toxicodendron D6, Calcium phosphoricum D6 und Symphytum D3 im Wechsel
Bindehaut: Euphrasia D3, Euphrasia Augentropfen
Blasenentzündung: Dulcamara D6 jede halbe Stunde, ständiger Harndrang: Cantharis D6
Durchfall: Sulfur D6 früh morgens, Pulsatilla D4-D6 bei schleimigen Durchfällen
Distorsion (Verstauchung, Prellung): Arnica D3-D6 bei frischer Verstauchung, Rhus toxicodendron D8
Erbrechen: Nux vomica D6, während des Autofahrens: Cocculus D6
Fahrkrankheit: Nux vomica D30, speicheln: Cocculus D6
Fettsucht nach Sterilisation: bei jüngeren Tieren: Aristolochia clematitis D 15, D3 wenn erhältlich / bei älteren Tieren: Thuja D 8, 2-3 mal täglich für 2-4 Wochen

Furunkel: Hepar sulfuris D6
Galleerbrechen: auch morgendliches Galleerbrechen: Bryonia D6
Gastritis: Nux Vomica D6 und Pulsatilla D4
Gehörgangsentzündugen: Calendula Salbe, Belladonna D6
Gelenkentzündung: Belladonna D6, geschwollene Gelenke: Bryonia D6
Gerstenkorn: Staphisagria D6
Gesäugeentzündungen: Belladonna D4 stündlich
Geschlechtstrieb: Platinum D6 bei Hündinnen, bei Rüden: Agnus castus D6
Hautmittel (z.B. trockene, schuppige Haut): Silicia D6
Hautekzeme: Sulfur D6
Haarausfall: Natrium muriaticum D12 (Kreisrunder: Sepia D6)
Haarbruch: Lypocodium D30 1 x abends
Haarverfilzung: Sulfur D6 3 x tägl.
Hämatome: Hamamelis D3-D4
Impfreaktionen: Thuja D30 vor und nach der Impfung
Insektenstiche: Apis D30
Juckreiz: Sulfur D6 4 x täglich
Kryptorchismus (Hodenfehler, Wanderhoden): Hoden hochgezogen, Leistenhoden: Berberis D3
Wanderhoden: Clematis D4
Luxationsneigung: Rhus toxicodendron D12 morgens und Chamomilla D6 abends
Magenkatarrh: Nux vomica D6 und Pulsatilla D4 im Wechsel stündlich
Mandelentzündung: Belladonna D6
Milchmangel: Urtica urens D30 (auch bei Milchüberschuss) 1 Gabe ausreichend
Mittelohrentzündungen: Pulsatilla D200 1 x morgens 1 x abends
Mundgeruch: Mercurius sublimatus corrosivus D6
Ohrekzeme: Silicea D12
Ohrenschmalz: Petroleum D8
Parasiten/Zecken: Belladonna D4, Ledum C200
Paradontose: Silicea D4 und Natrium phosphoricum D4 im täglichen Wechsel
Pilzbefall: Sulfur D6, Calcium carbonicum D6
Reizhusten: Spongia D6
Schnitt und Stichwunden: Staphisagria D6, Ledum D4, Arnica D6
Schuppen: Sulfur D6 3 x tägl.
Schwellungen: Arnica D6
Sehnenscheidenentzündungen: Arnica D4
Verdauungsstörungen: Nux vomica D6 (Durchfall, Erbrechen, Blähungen)
Verletzungen: Arnica D6
Wundbehandlung: Bisswunde: Calendula D2, OP-Wunden: Staphisagria D4
Zahnen: Calcium Phosphoricum D6
Zahnlockerungen: beim älteren Hund: Argentum nitricum D6 für die Dauer von 4 Wochen
Zahnverfärbungen: Silicea D4 3 x tägl.
Zwischenzehenekzeme: Silicea D12

Dies ist nur ein ganz kleiner Streifzug durch die Homöopathie. Auf spezielle Mittel kann hier nicht weiter eingegangen werden. Zum Thema gibt es verschiedene, wirklich gute Bücher im Handel.

Wann immer Sie mit der Symptombestimmung unsicher sind, kontaktieren Sie Ihren Tierarzt!

Achtung!
Bei diesen Symptomen/Verletzungen sollten Sie unverzüglich einen Tierarzt aufsuchen:

- Unfall/Schock
- Knochenbrüche und stark blutenden Wunden
- Schlechter Allgemeinzustand
- Vergiftungserscheinungen

Nachfolgend noch einmal eine spezielle **Übersicht über Naturheilmittel** bei Beschwerden, die gerade auch bei Havanesern auftreten können:

Augen und Ohren	
Havaneser neigen oft zu tränenden Augen. Der Tränenfluss kann aber auch durch kalten Wind oder starkes Sonnenlicht hervorgerufen werden. Der Ausfluss kann klebrig sein und die Augenpartie wund machen. Der Hund leckt sich häufig über die Nase. Die Bindehaut ist oft leicht gerötet.	Euphrasia (Augentrost) hilft generell bei Augenbeschwerden und unterstützt die Heilung der Augenschleimhaut. Gabe: 1-3 mal täglich 1 Tropfen in jedes Auge. Bei Havanesern, die zu tränenden Augen neigen, können die Augentropfen auch längere Zeit angewendet werden.
Erstes Mittel bei Entzündungen, die blitzschnell auftreten und sehr schmerzhaft sind. Folgen von kalten trockenem Wind oder Baden im kalten Wasser. Im Auge auch durch Fremdkörper ausgelöst. Bei Ohrenbeschwerden sind diese leicht gerötet und der Hund hält den Kopf schief.	Aconitum
Wenn das erste Krankheitsstadium bereits überschritten ist: Die Augen oder Ohren sind hochrot und geschwollen. Die Augen sind lichtempfindlich und können vergrößerte Pupillen haben. Die Ohren sind heiß und berührungsempfindlich. Der Hund kann Fieber haben und unruhig sein.	Belladonna
Fellwechsel	
Zur Unterstützung des einmaligen Fellwechsels beim Havaneser hat sich folgende Kur mit Schüßler-Salzen bewährt: festigt die Haut fördert das Fellwachstum, reguliert den Feuchtigkeitsgehalt der Haut, verbessert die Haarstruktur.	Schüßler-Salz Nr. 1 Calcium Fluoratum D12 Schüßler-Salz Nr. 3 Ferrum Phosphoricum D12 Schüßler-Salz Nr. 8 Natrium Chloratum D6 Schüßler-Salz Nr. 11 Silicea D12 3 x täglich 1 Tablette pro Salz
Magen und Darm	
Übelkeit und Erbrechen aller Art, Blähungen, Magenkrämpfe. Hund ist schmerzempfindlich, möchte nicht am Bauch angefasst werden. Lassen Sie bitte heftiges und wiederholtes Erbrechen vom Tierarzt abklären!	Nux vomica
Durchfall bei Infektionen, bei Futterunverträglichkeit, nach Fressen von Verdorbenem beim Gassigehen. Einen Durchfall, der nach drei Tagen (bei Welpen früher) nicht weg ist, lassen Sie bitte vom Tierarzt abklären!	Okoubaka
Verstopfung. Der Hund versucht vergeblich Kot abzusetzen. Der Kot ist extrem hart. Es muss dringend vom Tierarzt ein Darmverschluss (z.B. durch verschlucktem Fremdkörper) ausgeschlossen werden!	Opium D6

Diesen Artikel aus der Broschüre „Aktiver Tierschutz" veröffentlichen wir mit freundlicher Genehmigung des Bundesverbandes Praktizierender Tierärzte e.V.

Zahnwechsel	
Der Welpe lässt sich nicht am Kiefer anfassen und kaut wie ein Baby auf allem herum. Das Zahnfleisch ist hochrot und schmerzhaft. Der Welpe hat Fieber.	Belladonna
Der Welpe ist sehr unruhig und hat große Schmerzen. Teilweise treten Durchfälle auf. Er lässt sich nicht ablenken.	Chamomilla oder Apis
Sehr lange dauernder Zahnwechsel. Allgemein sehr langsame körperliche und geistige Entwicklung.	Calcium Carbonicum 1 x täglich 1 Globuli 6-8 Tage lang
Wenn der bleibende Zahn schon durch ist und der Milchzahn nicht ausfallen will Um nicht eine Zahnfehlstellung zu riskieren, lassen Sie die Zähnchen gegebenenfalls durch Ihren Tierarzt untersuchen.	Calcium Phosphoricum 1 x täglich 1 Globuli 6-8 Tage lang
Über die gesamte Zeit des Zahnwechsels. Stärkt den Zahnschmelz, stärkt die Zähne.	Schüßler-Salz Nr. 1 Calcium fluoratum D 6 Schüßler-Salz Nr. 2 Calcium phosphoricum D6 1 x täglich jeweils ½ Tablette bis zum Abschluss des Zahnwechsels

So lieber Leser, das war ein langer Vortrag. Und weil mein Frauchen und Herrchen meinen, dass das hilfreich für Andere sein kann, dachte ich, ich erzähle es Ihnen jetzt.
Ob ich gesund bin?
Ja, sicher! Mein Frauchen hat dafür sogar eine Checkliste:

7.4. Ist mein Hund gesund? - Check für Zuhause

Damit es dem Hund auch lange gut geht, muss der Tierbesitzer immer mit einem aufmerksamen Auge darauf achten, ob sich eventuelle Abweichungen im Aussehen oder Verhalten seines Tieres zeigen. Werden nämlich bestimmte Krankheiten früh erkannt, können sie viel erfolgversprechender behandelt werden. Man sollte sich bewusst sein, dass bei Tieren Krankheitsverläufe sehr viel schneller in ein ernstzunehmendes, unter Umständen sogar lebensbedrohliches Stadium übergehen können, als wir es bei uns Menschen gewohnt sind. Dies gilt vor allem für Jungtiere.

Die wichtigsten Regeln

Schon am Allgemeinzustand eines Tieres kann man in der Regel sehen, ob es gesund ist oder nicht. Ist es matt, wirkt es apathisch und hat wenig Appetit, steckt meist eine Erkrankung dahinter. Erbrechen, Durchfall oder Verstopfung und Schwierigkeiten beim Harnabsatz sind Anzeichen für Erkrankungen des Verdauungsapparates, für Vergiftungen oder Nieren-Blasen-Leiden. Auf Augen, Ohren und Nase des Tieres muss man ebenfalls achten. Sind diese verklebt oder sogar vereitert, liegt sicherlich eine Entzündung vor. Auch die Zähne sollten regelmäßig kontrolliert werden. Ein anderes Erkennungsmerkmal für eventuell vorliegende Krankheiten ist das Fell. Ist es struppig und stumpf statt glatt und glänzend (natürlich mit rassebedingten Unterschieden), sollte man das Tier genauer beobachten und zum Tierarzt bringen, denn es könnten innere Erkrankungen oder aber Parasitenbefall vorliegen.
Der Tierbesitzer sollte ab und zu auch einmal den gesamten Körper seines Tieres abtasten, um Umfangsvermehrungen (z.B. Tumore) rechtzeitig zu erkennen.

Der Rat

Haben Sie immer ein offenes Auge für eventuelle Veränderungen des Verhaltens oder des Körpers Ihres Tieres. Sie müssen nicht wegen jeder Kleinigkeit besorgt sein.

Wenn Sie jedoch den Verdacht haben, dass Ihr Tier krank ist, sollten Sie auf jeden Fall den Tierarzt aufsuchen. Wenn Ihr Tier plötzlich ernsthaft erkrankt (z. B. hochgradige Schmerzen, Krampfanfall) oder eine schwere Verletzung erlitten hat, sollten Sie zuerst den Tierarzt anrufen und ihm den Zustand des Tieres genau schildern. Er kann aus Ihren Beobachtungen meist schon Schlüsse auf die Art der Erkrankung ziehen und Ihnen sagen, wie Sie sich am besten verhalten.

Wichtig ist das beispielsweise bei Bandscheibenverletzungen, wie sie häufig bei Hunden kleiner Rassen vorkommen. Steht ein Hund plötzlich steif da und wird aggressiv oder schreit laut auf, wenn sein Besitzer ihn anfassen will, liegt das mit großer Wahrscheinlichkeit an einem Bandscheibenvorfall. Der Tierarzt wird dem Besitzer in einem solchen Fall genaue Anweisungen geben, denn in einer derartigen Situation ist vorsichtiges Handeln geboten, damit durch eine falsche Behandlung keine völlige Querschnittslähmung entsteht.

Region	Merkmale des gesunden Tieres	Merkmale des kranken Tieres
Allgemeinzustand	Das Tier verhält sich unauffällig, ist munter und ausgeglichen und hat einen guten Appetit.	Das Tier ist matt und unlustig. Es liegt oder schläft viel oder wird plötzlich aggressiv. Es frisst schlecht, verweigert sogar kleine Leckerbissen und/oder trinkt auffällig viel.
Augen	Die Augen sind klar und tränen nicht. Die Lidbindehäute sind rosa.	Die Augen sind trüb, verklebt, tränen oder eitern sogar. Die Bindehäute sind gerötet, weiß oder gelb gefärbt.
Ohren	Die Ohrmuscheln sind sauber.	Die Ohrmuscheln sind gerötet, verkrustet und/oder mit übermäßig viel Ohrenschmalz, übelriechendem Sekret oder Eiter bedeckt. Das Tier schüttelt häufig den Kopf und kratzt sich an den Ohren.
Nase	Die Nase ist sauber.	Die Nase ist verklebt oder sogar vereitert und fühlt sich sehr heiß und trocken an.
Maul	Zahnfleisch und Mundschleimhaut sind rosa gefärbt, die Zähne weiß und frei von Belägen.	Das Zahnfleisch ist gerötet und wund, die Mundschleimhaut blass oder gelb gefärbt. Das Tier speichelt und riecht aus dem Maul. Die Zähne weisen starke Beläge bzw. Zahnstein auf.
Fell	Das Fell glänzt und liegt regelmäßig am Körper. (Rassetypische Unterschiede sind zu beachten.)	Das Fell ist stumpf und struppig. Das Tier hat vermehrten Haarausfall.
Haut	Die Haut ist glatt und nicht schuppig oder gerötet.	Die Haut ist gerötet, aufgekratzt, verkrustet oder sogar vereitert. Das Tier schleckt, kratzt oder beißt an bestimmten Körperregionen.
Gliedmaßen	Das Tier hat weder beim Laufen und Springen noch beim Aufstehen und Hinlegen Probleme.	Das Tier lahmt, läuft oder springt nicht mehr gerne, weigert sich plötzlich, Treppen zu steigen und hat Schwierigkeiten beim Aufstehen und Hinlegen.
Rücken	Das Tier steht und läuft normal und zeigt keine steife Körperhaltung oder verkrampfte Bewegungen.	Das Tier steht mit gekrümmtem Rücken und hat einen staksigen Gang.
Körperteile - allgemein	Das Tier weist keine anormalen Merkmale an Gliedmaßen und Körper auf.	Das Tier hat Schwellungen, das Berühren bestimmter Körperteile bereitet ihm Schmerzen.
Verdauungsorgane	Das Tier hat eine geregelte Verdauung und zeigt keine Anzeichen von Schmerz im Bauchbereich.	Das Tier würgt, erbricht, hat Durchfall oder Blähungen. Es hat Schwierigkeiten beim Kotabsatz und/oder setzt weniger häufig Kot ab. Die Afterregion ist verklebt oder verschmutzt. Der Hund rutscht häufig mit dem Hinterteil über den Boden (sog. „Schlittenfahren").
Harnorgane	Das Tier hat keine Probleme beim Harnabsatz. Der Harn ist normal gefärbt.	Das Tier hat Schwierigkeiten beim Harnlassen. Der Urin wird immer wieder in kleinen Mengen oder aber in sehr großen Mengen abgesetzt. Der Urin ist blutig.
Atmungsorgane	Das Tier atmet in Ruhe ruhig und gleichmäßig. Es hustet oder niest nicht.	Das Tier hustet und/oder niest oft. Die Atmung ist beschleunigt, ohne dass das Tier getobt hat. Es atmet schon nach leichter Anstrengung schwer oder zeigt Maulatmung.
Herz- Kreislauf-System	Das Tier ist (altersabhängig) bewegungsfreudig und wird nicht auffällig schnell müde.	Das Tier bewegt sich ungern, hustet häufig oder zeigt eine bläuliche Verfärbung der Zunge. Das Tier hat gelegentlich Ohnmachten oder Krampfanfälle.
Nerven-System	Das Tier verhält sich unauffällig.	Das Tier zeigt einen schwankenden, torkelnden Gang, Krampfanfälle oder wird plötzlich aggressiv.

7.5 Tipps für den Tierarztbesuch

Vereinbaren Sie einen Termin, wenn:

- Spezielle Untersuchungen oder OP's wie z.B. eine Kastration durchgeführt werden sollen.
- Ihr Tier überängstlich, sehr nervös oder aggressiv ist.

Rufen Sie möglichst vorher an, wenn:

- Ihr Tier schwer verletzt, im Schock oder einem anderen lebensbedrohlichen Zustand (Krampfanfall, Kreislaufversagen) ist, so können Vorbereitungen für eine sofortige Versorgung getroffen werden.

Transportieren Sie einen Notfallpatienten:

- Schonend, schnell und möglichst zu zweit
- Beruhigen Sie Ihr Tier
- Sorgen Sie für eine sichere und bequeme Lagerung (bei kleineren Tieren sind z.B. flache, mit einer Decke ausgekleidete, Pappkartons oder Waschkörbe gut geeignet. Große Hunde können auf einer gespannten Decke getragen werden)
- Verletzte Gliedmaßen weich und stabil lagern.

Bringen Sie den Impf- und Gesundheitspass mit.

Helfen Sie Zwischenfälle im Wartezimmer mit anderen Patienten zu vermeiden, indem Sie:

- Ihren Hund an die Leine legen

Informieren Sie die Tierärztin/den Tierarzt genau über:

- Beginn und Dauer der Erkrankung
- Aufgetretene Symptome
- Eine eventuelle Vorbehandlung
- Bekannte Medikamentenunverträglichkeiten
- Wenn Sie eine Weiterbehandlung (z.B. Tabletteneingabe) nicht durchführen können.

Bringen Sie ggf. Erbrochenes, Kot oder Urin mit.

Verhalten Sie sich bitte bei der Behandlung und vor allem bei einer Notfallversorgung ruhig und gehen Sie der Tierärztin/dem Tierarzt auf Bitten so weit wie möglich zur Hand.

Diesen Artikel aus der Broschüre „Ist mein Tier gesund" veröffentlichen wir mit freundlicher Genehmigung des Bundesverbandes Praktizierender Tierärzte e.V.

8. Havanesergeschichten

Nach der geballten Ladung medizinischer Tipps und Fakten ist es jetzt Zeit für was Lustiges! Lesen Sie mal weiter, wir haben manchmal auch ganz schöne Flausen im Kopf. Aber Sie werden feststellen, dass man uns nur ganz schwer wirklich böse sein kann! Ich habe mal ein paar Geschichten aus dem Havihundeforum für Sie zusammengetragen.
Manchmal haben die Dosis tolle Geschichten über uns zu erzählen, aber lesen Sie selbst...

Wenn es rum liegt...
Mir ist da heute etwas ganz Komisches passiert:
Am Morgen war noch alles wie immer. Frauchen hat beim Frühstück gesagt: „Heute wird alles mal wieder aufgeräumt. Kinderzimmer, Flur und so weiter." Sie hat alle Aufgaben verteilt und ist immer von einem Zimmer zum anderen gelaufen. Ich bin ihr immer hinterher gelaufen, sonst hätte ich nämlich die Übersicht verloren.

Und ich habe immer was gefunden, als ich hinter ihr hergelaufen bin. Und Frauchen sagt immer: Wenn es rum liegt, dann gehört es Sharona.
Ich habe es mir geschnappt, weil es rum lag. Ich habe ich es fein ordentlich in meine Box getragen und auf den Balkon, wo ich meinen Schlafplatz habe. Dort liegen sie nun alle. Die Schuhe und Kuscheltiere, eine Tasche, Bälle und ein paar Socken und eine Wasserflasche.
Mal sehen, ob ich noch mehr finde. Frauchen hat schon gemeint, dass die Kinder in meiner Ecke suchen sollen, wenn sie etwas suchen.
Aber wenn es rum liegt, dann ist es doch MEINS?! Oder??
Eure Sharona (Elisabeth mit Sharona)

Kleiner Bruder 1
Hallo Leute, hier spricht Anton! Also ich muss Euch mal was erzählen:
Gestern, und das noch vor dem Frühstück, rasten hier bei mir alle völlig aus, rennen wild umher, packen und räumen einen Haufen Sachen ins Auto. Wo wollen die bloß hin? Hm, mir sagt ja hier immer keiner was. Also, alle rein ins Auto (wo ich doch Autofahren soooooo hasse) und los geht die Fahrt. Ich hau mich mal lieber aufs Ohr, das kann dauern.
Nach gefühlten 1000 Jahren hält diese doofe Kiste doch endlich wieder an und ich kann aussteigen. Oh, wo sind wir denn hier? Das kommt mir doch irgendwie bekannt vor.
Ja, genau hier war ich schon mal. Ich glaube, die hieß Angelika. Cool, hier war es das letzte Mal schon klasse. Lecker Essen und nee Menge Hunde zum Spielen. Na dann mal rein in die gute Stube. Boah, ich hatte recht! Lauter Kumpel zum Spielen. Und als ich dann da so spiele, höre ich immer wieder das Wort ‚Michel' und ‚kleiner Bruder'???? Sagt mal was ist das bloß, so ein kleiner Bruder?? Ach egal, ich spiele lieber noch eine Runde. Plötzlich holen meine Leute meine Leine, Mensch das passt ja! Ich wollte sowieso gerade mal raus. Komisch, wer ist das denn? Soll der jetzt auch mit zum Gassi gehen? Na gut, kann ja nicht so schlimm sein, den mal mitzunehmen, passt schon. Und was soll ich Euch sagen? Voll die Schnecke der Typ, ich hab den dann mal eben abgehängt. Aber Mama und Papa haben mich immer wieder gerufen. Ein Gutes hat es ja! Ich muss die lange Fahrt nach Hause nicht allein machen.

Also haben wir beide uns mal schnell aufs Ohr gehauen und die Fahrt verschlafen.
Ist doch ganz ok, klein, aber ok. So ganz habe ich diese Sache mit dem kleinen Bruder-Ding aber noch nicht verstanden. Da muss ich jetzt erst mal eine Nacht drüber schlafen.
Heute Morgen hatte ich schlechte Laune. Heute werde ich den erstmal auf Herz und Nieren testen. ‚Kleiner Bruder'. Das muss der sich erst mal verdienen!
Ob der auch tolle Löcher buddeln und wie wild durch den Garten fegen kann? Und alles was man sonst so macht? Und Leute, ich sag Euch, der kann! Ich denke, ich schau mal wie das hier mit der „kleinen Brudersache" so weitergeht und halte Euch auf dem Laufenden, wie das so wird mit dem Michel. Also bis bald, Euer Anton
(Carmen mit Anton und Michel)

Kleiner Bruder 2
Hallo, hier ist Euer Anton wieder!
Puh, ich sag Euch, diese „kleine Brudersache" ist echt anstrengend. Aber mal der Reihe nach: Wie Ihr wisst, wohnt seit ein paar Tagen der Michel bei mir. Und ich kann Euch sagen, ich finde den richtig anstrengend. Mal ehrlich, ich dreh mich um und wen sehe ich? Michel! Ich gehe Pipi machen, wer macht auch Pipi? Der Michel.
Ich hab schon gedacht, ich fang an zu spinnen und leide unter Verfolgungswahn, aber nee, der ist überall! Wie macht der das bloß mit diesen kurzen Beinen? Das werde ich noch rausfinden!
Und dann dachte ich, lad ich mir doch mal meinen Freund Dusty ein, soll der den Michel mal unter die Lupe nehmen. Und dann haben wir beide den mal genau beobachtet und geschaut, ob der nun wirklich das Zeug zum richtigen Kumpel hat. Buddeln klappt schon echt prima. Schnuppern im Garten geht auch schon recht gut und mit Wasser matschen kann er auch schon klasse. Leider hat Mama dann kurzen Prozess gemacht und uns allesamt in den Knast gesperrt, gerade wo es richtig Spaß gemacht hat. Dusty meinte, das ist weil er nicht soooo dreckig ins Auto darf, das hat sein Papa nämlich noch nicht so lange. Dann sind wir mal bei uns am Kanal spazieren gegangen, war schon nicht schlecht, wir drei so on Tour.
Beim Gassi gehen könnte der Michel mal einen Zahn zulegen, aber wir wollen mal nicht so hart sein, er hat recht gut mitgehalten und das bei der Hitze. Mama sagt dann immer, sei nicht so gemein, der ist doch noch so klein! Ja ist das denn meine Schuld?
Als wir wieder zu Hause waren, haben wir noch ein bisschen gespielt und ich sag Euch, davon versteht der Michel echt was. Manchmal finde ich den Michel schon richtig klasse. Aber manchmal habe ich so ein komisches Gefühl in meinem Bauch.
Kennt Ihr das? Es grummelt und zwickt und dann werde ich richtig fuchtig und dann habe ich das Gefühl, ich müsste dem Michel mal zeigen, was eine Harke ist. Mama sagt dann immer so was wie 'Och mein Großer, musst doch nicht eifersüchtig sein!' Ja ja, das sagt sie so leicht.
Sie tröstet mich dann immer ganz lieb und spielt mit mir und dann ist das Gefühl auch schnell wieder weg.
Beim Essen klappt das schon ganz toll mit uns beiden, aber soll ich Euch mal ein Geheimnis verraten? Ich habe mal heimlich dem Michel sein Essen probiert. Ist doch kein Wunder, dass der so klein ist, bei der Mini-Portion.
Ich darf mich nicht erwischen lassen. Mama sagt dann immer NEIN, ich soll mein Essen fressen, weil der Michel doch alles aufessen muss, damit er groß und stark wird. Püh, und kaum dreht die sich mal um ‚schwupp' ist der auch schon an meinem Napf und holt sich Nachschlag.

Dann haben wir nach dem Mittagsschlaf mal ganz ausgiebig gespielt, das hat so richtig Spaß gemacht, kommt bestimmt von meinem Essen. Ach ja und dann hatte ich schon Angst, dass der Michel ein Leck hat. Könnt Ihr das glauben! Macht der doch echt eine Pfütze auf die Fußmatte! Wie, ich habe das auch mal gemacht? Nö, ich doch nicht! Aber heute hat er das ganz klasse gemacht, nur draußen. Da bin ich aber froh! Ich dachte schon, der ist kaputt. So, ich denke für heute habe ich genug aus dem Nähkästchen geplaudert. Morgen ist auch noch ein Tag und ein großer Bruder sein macht echt hundemüde.
(Carmen mit Anton und Michel)

Abenteuer in der Welpenschule
Hallo, mein Name ist Michel,
weiter oben hat Anton schon mal von mir erzählt, allerdings meinte er, ich soll mal lieber selber von meiner ersten Stunde in der Welpenschule erzählen. Am Freitag hat meine Mama alle möglichen Sachen und mich ins Auto geladen. Komischerweise durfte der Anton nicht mit. Da saß ich also ganz allein in diesem großen Fahrzeug und mein Herz schlug mir bis zum Hals. Mama sagte mir noch, dass wir zur Welpenschule fahren, aber ich hatte keinen blassen Schimmer, was das sein könnte. Und dann habe ich SIE gesehen! Die anderen kleinen Hunde. Obwohl die nicht ganz so klein waren wie ich. Zumindest nicht alle. Aber der Reihe nach. Nach einer kurzen Vorstellungsrunde habe ich mit Mama ein wenig auf der Wiese gespielt, aber zu den anderen Hunden durfte ich noch nicht, und dann sind 3 von den kleinen Hunden mit auf eine kleine abgetrennte Wiese gekommen. Ich sag Euch, der eine Hund war vielleicht komisch! Der hatte ganz lange dünne Beine! Aber damit nicht genug, der hatte am ganzen Körper ganz viele schwarze Punkte. Wird doch wohl nichts Ansteckendes sein? Ich denke eigentlich nicht, aber den muss ich mir mal näher ansehen. Der hatte eine ganz komische Art zu spielen. Immer wollte der mich über den Haufen rennen und zuerst habe ich mich bei der Hundetrainerin (das ist die nette Frau die unsere Welpengruppe leitet) versteckt. Sie hat mich beschützt und Mama erklärt, wie sie mir die Angst vor anderen großen Hunden nehmen kann. Ich sag Euch, das hat echt funktioniert und so langsam habe ich mich dann auch getraut zu spielen. Aber dieser Pünktchen-Hund hat mich einfach nicht in Ruhe gelassen und ständig versucht mich über den Haufen zu rennen. Da habe ich echt die Wut bekommen und dem mal richtig die Meinung gesagt und ihn angeknurrt und ganz laut gebellt. Na, da solltet ihr mal sehen, wie der geflitzt ist!! Bitte, geht doch. Dann gab es noch eine ganz kleine Maus, die fand ich richtig süß. Sie heißt Kitty und ist ein Bolonka Zwetna und sie war so klein, dass sie nur mal ganz kurz vom Arm ihrer Mama durfte. Ich habe sie ganz lieb beschnüffelt und sie gestupst; nicht so grob wie dieser Pünktchen-Hund. Nach dem Spielen kam dann der Ernst. Nein, kein Hund, sondern der Ernst des Lebens. Wir sind in zwei Gruppen in die Stadt gegangen und mussten über so komische Gitter laufen und an dröhnenden Baggern und Autos vorbei. Das war ganz schön aufregend und dann wurden wir auch noch angebunden und Mama ist einfach weggegangen. Ich habe überlegt, was ich nun mache, aber die anderen Hunde waren ja auch noch da und ich dachte, na die wird schon wiederkommen und habe ganz brav gewartet. Wirklich! Ein bisschen Muffe hatte ich dann aber doch, aber nur ganz kurz. Und dann kam Mama wieder und ich habe ganz viele Leckerchen bekommen. Das war sowieso das Beste an der ganzen Sache. Mama sagt, da gehen wir wieder hin. Aber nur, wenn es wieder so viele Leckerchen gibt und der Pünktchen-Hund mich nicht mehr über den Haufen rennt.
Tschüss Euer Michel (Carmen mit Anton und Michel)

Sie werden irgendwann doch groß

Bea und Gerald haben Oskar, einen Welpen. Oskar geht immer mit Gerald zur Arbeit in einen Getränkemarkt. Oskar hat dort einen schönen Liegeplatz und ist sehr beliebt bei allen Kunden, oft haben sie auch extra ein Leckerli für den Süßen dabei. Bisher musste sich Gerald keine Sorgen machen, dass Oskar unbemerkt spazieren geht, da sich die Eingangstür durch eine Lichtschranke öffnet, wenn ein Kunde kommt und Oskar bisher aber einfach noch zu klein war. Doch plötzlich, wie von Zauberhand, schafft es der Oskar, dass sich die Tür von allein öffnet. Endlich ist er groß genug, von der Lichtschranke erfasst zu werden und die Eroberung der großen, weiten Welt kann in Angriff genommen werden.
(Bea und Gerald mit Oskar)

Der richtige Schlafplatz eines Hundes

Bei Martina ist es ja so, wie es „sonst nirgendwo“ ist.
Die Hunde schlafen nämlich mit im Bett. Die Schnauzermädels liegen an den Beinen.
Rechts, links, auf der Decke oder auch mal unter der Decke.
Sam, der Havaneser, liegt direkt neben Martinas Kopf auf dem Kopfkissen. Seinen Schädel konsequent an den ihren gequetscht. Und dann fängt der Kerl an zu schnarchen. Wie ein altes Walross! Und zwischendurch wird geschmatzt und sein Kopf liegt dann nicht mehr neben ihrem Kopf, sondern der liegt direkt auf ihrem Kopf und Sam schnorchelt direkt in ihr Ohr.
Wenn sie dann von dem Geschnarche wach wird und es hört und ja auch zwangsläufig spürt, dann kommt eine tiefe innere Zufriedenheit auf, weil Sam sie genau spüren lässt, wie wohl er sich fühlt. Und dann fühlt auch Martina sich wohl und schläft zufrieden wieder ein.
(Martina und Sam und einige Schnauzer)

Ein Weihnachtsbaum für Pepper

Und sie passiert wirklich, die typische Weihnachtsbaum-mit-Hund-Geschichte:
Peppers Herrchen, Edgar, stellt einige Tage vor Weihnachten den Baum schon mal ins Zimmer. Angeblich, damit er sich gut akklimatisiert. Während Herrchen und Frauchen mit dem Aufstellen beschäftigt sind, versucht sich der Hund selber zu beschäftigen, wenn heute keiner mit ihm spielt. Erst raus auf den Balkon, Leute anbellen. Dann auf scharfen Zurück-Ruf von innen, wieder rein ins Zimmer. Gelangweilt festgestellt, dass Herrchen und Frauchen immer noch mit dem Baum beschäftigt sind. Dann schaut er sich mal noch den Adventskranz an, klaut ein paar Nüsse herunter, stellt aber fest, dass sie nicht wirklich essbar sind. Dann muss eben jetzt der Holzigel vom Regal dran glauben. „Oh, Pepper, nein, nicht, lass es! Komm her, ich spiel ein wenig mit dir.“ Ein bisschen spielen, aber dem Hund scheint es nicht so recht zu gefallen, weswegen Dani sich dann doch wieder um den zukünftigen Weihnachtsbaum kümmert. „Schau mal, Pepper, ist der nicht schön! Das wird unser Weihnachtsbaum.“ Pepper guckt, schnüffelt erst interessiert, beißt dann prüfend in den Baum. „Nein, Pepper, nicht in den Baum beißen, AUS!“ Gut, Hund lässt ab, Herrchen überlegt doch gleich die Kerzen drauf zu machen, doch Dani verneint, dass es noch Zeit hat und steht glückselig vor dem Baum. „Schön, nicht? Gefällt dir auch, gell Pepper!?“ Peppers Blick scheint Bände zu sprechen. ‚Klasse Frauchen! Du bist sooooooo lieb zu mir, denn es ist ja so kalt draußen. Dass du das jetzt für mich machst, finde ich echt klasse!‘ Und schon hebt der Peppermann das Beinchen und pieselt gegen den Tannenbaum!
(Daniela mit Pepper und Chilli)

Hund und Ohrstecker

Mittagsschlaf steht an. Dani ist müde und will sich auf die Couch legen. Die Ohrsteckerchen, die beim Draufliegen einfach nur stören, werden raus gemacht und vor lauter Müdigkeit einfach nur schnell neben sich auf die Couch gelegt.

Nach einer erholsamen halben Stunde wacht sie wieder auf und macht sich auf den Weg in die Küche um ihren Durst zu löschen. Zurück im Wohnzimmer hört und sieht sie ihren Pepper auf irgendwas herumkauen. Es dauert nur Sekunden, bis sie sich fragt, auf was der Hund denn da rumkaut und ihr klar wird, dass es sich um einen ihrer Ohrstecker handelt. „Nein, bitte nicht! AUS, PEPPER, AUS! Gib ihn her!" Wo ist der Zweite? Panik macht sich in ihr breit. „Pepper! Wo ist der andere Ohrring!?" Hilfe!! Was sollen sie machen, wenn er den anderen Ohrring verschluckt hat? In völliger Panik durchsuchen Edgar und Dani die komplette Wohnung. Nachdem schon alles auf den Kopf gestellt ist, kommt Edgar die Überlegung, dass Pepper doch eben auf der Couch gegraben hat. Vielleicht sollten sie da mal nachsehen? Gesagt, getan! Und siehe da, er hat den Ohrstecker in die Couchritze gegraben und dieser ist dann durch die Ritze nach unten auf den Boden aufgefallen. „Dieser Hund raubt mir echt den Verstand! Ich kriege noch zuviel!! Meine Nerven!!!" Doch ist sie froh, dass dem Schwarzen nichts passiert ist.

(Daniela mit Pepper und Chilli)

Samstagsputz

An einem schönen Samstagmorgen: Dani beschließt, dass heute der über die Arbeitswoche unerledigte Hausputz zu bewältigen ist und putzt hier und da und dort. Pepper, ihr schwarzer Havaneser, sieht interessiert zu. Und nicht nur das, er scheint hilfsbereit mitarbeiten zu wollen und schnappt sich nicht nur einmal den Putzlappen. „Nö, Pepperchen, lass mal, ich mach das lieber selber."

Dann ist auch das Bad dran, und dort soll heute mal der Spiegelschrank einer gründlichen Reinigung unterzogen werden. Sorgsam wird der Inhalt ausgeräumt, darunter auch ein paar Parfumfläschchen. Doch alle Vorsicht nutzt nichts, auf einmal ein lautes „PENG" und ein Flakon landet auf dem Fliesenboden und zersplittert in kleine Scherben. Schnell macht sich Dani dran, alles aufzusammeln, denn sie kennt ja ihren neugierigen Havaneser und siehe da, kaum hat sie alle Scherben aufgehoben, kommt Pepper schwanzwedelnd auf sie zu gezuckelt. Dani ruft noch verzweifelt: „Nein, Pepper STOPP, nicht hierher!" doch er scheint so besorgt um sein Frauchen, das da am Boden kauert, dass er mitten durch die Parfumpfütze läuft. Na, prima!! Jetzt stinkt er! Wie eine Dame nach einer Arbeitswoche bei einer bekannten Parfumeriekette. Und wenn er an Dani vorbeitrabt, dann haut es sie immer noch um. Mittlerweile riecht die ganze Bude nach Jean. Pepper schnüffelt irritiert an seinen Pfoten und Frauchen hat Kopfweh! Aber eins wird sie noch machen. An Gaultier schreiben, dass Parfum gut gegen Hundeschweißpfoten ist; denn Pepperchen riecht definitiv nicht mehr an den Pfoten!!!!!!

(Daniela mit Pepper und Chilli)

Würstlwasser

Man mache ein paar Würstchen zum Mittagessen in einem Topf mit Wasser heiß. Am Nachmittag stellt man fest, dass der Topf mit dem kalten Würstlwasser noch auf dem Herd steht und dass man das Wasser eigentlich den süßen kleinen Wuscheln zum Trinken geben könnte.

Gesagt, getan! Doch sie verlässt ihr Zuhause wieder um 16.00 Uhr, dann noch mal um 17.00 Uhr,

um 17.30 Uhr, um 17.45 Uhr, um 18.00 Uhr und ab da stündlich bis spät abends!!!!!
Denn das Wasser muss ja auch wieder raus. So geschehen an einem Wochenende in einer bayerischen Stadt Die Hundehalterin sucht noch nach der passenden Idee. Rache soll ja süß sein. . .
(Tina mit Nelly Nimmersatt und Sunny Sorglos)

Unter Verdacht

Ich schnappe mir um die Mittagszeit meinen begeisterten Timmy, weil es nicht regnet und sogar die Sonne scheint.. "Komm, Timmylein, Gassi gehen!" Mein Hund ist natürlich total begeistert, lässt sich problemlos anleinen, ‚jifft' mir vor, was er alles Spannendes zu entdecken plant – wir marschieren los. Keine fünf Minuten später hat er alles erledigt, was so dringend erledigt werden muss – also Häufchen, die Blase ist auch schon sozusagen „leer-markiert" – ab sofort ist nur noch informatives Schnuppern angesagt.

Wir wandern durch die netten Straßen, die wir hier haben. Wo wir doch ohnehin so froh sind, dass wir hier in einem guten Viertel wohnen, mit nur einer richtigen Hauptstraße, ansonsten nur Wohnstraßen mit Ein- maximal Zweifamilienhäusern, gepflegten, eingezäunten Vorgärten, trotzdem genügend Schnuppermaterial. Wir kommen also ein Sträßchen entlang, Timmy immer schnupper-schnupper am Zäunchen, dann das dritte Haus – kein Zaun, 25 verkümmerte Grashälmchen auf den äußeren 50 cm Grundstück, er tapst darauf und schnuppert. Dabei sehe ich, dass er was an der Brust hat, könnte auch ein wenig Dreck sein.

Also gehe ich in die Hocke, ziehe ihn zu mir und kontrolliere, was er da hat – könnte auch eine der letzten Kletten sein, die findet er ja in schlafwandlerischer Sicherheit.

Und während ich feststelle, dass er sich da „nur" mit irgendwas – vermutlich einem glitschig vermoderten, nicht weggeräumten Blatt vom vorletzten Jahr – eingeschmiert hat, kommt ein missmutig unter seiner Mütze herausschielender Bewohner samt seinem Fahrrad über das Grundstück zur Straße, hält an, guckt auf uns und schnauzt uns an: „Dasch kei Hundlo."

Ich fragte nochmals freundlich nach, weil er nuschelte: „Bitte?!"

Der Nuschler wiederholt etwas deutlicher: „Das ist kein Hundeklo."

Da ich es hasse, ungerechtfertigt angemeckert zu werden, war ich in der nächsten Sekunde ohne Anlauf auf 180 und sagte scharf zurück: „Er hat da auch gar nichts gemacht."

Die Fahrradpfeife: „Der hat aber so geschnuppert.."

Frauchen: „Hunde schnuppern immer!"

Fahrradpfeife: „Doch, wenn die schnuppern, dann machen die auch."

Frauchen superscharf: „Ein Hund, der nicht schnuppert, ist tot! Sie haben keine Ahnung von Hunden!" Ich war noch bei Timmy in der Hocke gewesen, richtete mich mit diesen Worten aber auf. Woraufhin er mich noch einmal böse ansah, nichts mehr sagte und wegradelte.

Ich rief ihm laut noch nach: „Sie sollten lieber erstmal gucken, bevor sie Anschuldigungen machen!", aber der Nuschler machte nur, dass er wegkam.

Ich hatte Sooooooo einen Hals! Was bildete der sich ein???

Tut mir ja leid, wenn andere Hundehalter es zulassen, dass ihre Hunde seinen nicht sehr gepflegten Vorgarten als Gassiplatz nutzen, aber er muss sich schon vergewissern, ob er jemanden zu Recht anschnauzt oder eben nicht. Ich halte meinen Timmy vom ersten Tag an davon ab, sein Geschäftchen in den Vorgärten anderer Leute zu machen, da ich selber einen (allerdings eingezäunten) Vorgarten habe, den ich nicht regelmäßig von fremden Häufchen befreien möchte.

Ich kann es also verstehen – nur ein solches Verständnis trauen die anderen Hausbesitzer uns wohl nicht zu!!!
Ich kann beides lieben – mein Haus und meinen Hund!
Und sollte es doch mal passieren, dass das Häufchen gerade an einem nicht gewünschten Platz ans Licht der Welt möchte, dann bin ich immer mit Tütchen und Tüchern bewaffnet und nehme es mit!!!
Hingegen möchte ich nicht unbedingt wissen, wo der Meckeronkel schon überall hingepinkelt hat so nach diversen Kirmes- oder Kneipenbesuchen. Bei schlechter Erziehung und entsprechendem Alkoholgehalt im Blut neigen manche ja durchaus dazu...
(Sigrid und Sir Timmy)

Das Treppengitter

Während des Besuches bei einer befreundeten Hundebesitzerin haben wir bei ihr dieses tolle Treppengitter für die Hunde gesehen. Von dieser Idee waren wir restlos begeistert, da unsere beiden Hunde ständig die Treppe zu meinen Schwiegereltern und deren Hündinnen runterspringen. Muss ja nicht sein. Deswegen liebäugelte ich jetzt auch mit so etwas. Da traf es sich ganz gut, dass dem Besuchstag ein verkaufsoffener Sonntag folgte. Zusammen mit meinem Mann und den Hunden fuhren wir in die Stadt und machten uns auf die Suche nach einem Parkplatz. Schon seltsam, wie voll so eine Stadt sein kann, wo doch jeder weiß, dass am nächsten Tag sowieso wieder alle Geschäfte geöffnet haben. Nachdem wir endlich einen passenden Parkplatz gefunden hatten – wegen der beiden Hunde musste es natürlich ein Schattenplatz sein – sind wir in das Geschäft mit Stramplern und Stofftieren rein. Nicht lange dauerte es und eine freundliche Verkäuferin kam auf uns zu und erkundigte sich nach unseren Wünschen. Sie zeigte uns verschiedene Ausführungen von Treppengittern und deren Vorzüge und Nachteile („Dieses hier aus Plexiglas kann ich Ihnen nicht wirklich empfehlen. Da patscht ständig Ihr Kind dran und Sie müssen dauernd mit Glasreiniger säubern.") Mir glitt ein Grinsen übers Gesicht bei der Vorstellung, wenn ich geantwortet hätte, dass meine Kinder das wohl nicht machen, sondern wohl eher ablecken. Endlich fanden wir ein passendes Modell und wurden noch gelobt, was für ein tolles wir ausgesucht haben. Dann kam die Versicherung, dass nichts mehr passieren kann und die interessierte Nachfrage, wie alt der Nachwuchs denn sei. „Der eine ist knapp 2 Jahre, der andere wird im Juni 1 Jahr." Ganz ehrlich? So kugelrunde Augen habe ich lange nicht gesehen.
„Oh äh... und die Beiden sind jetzt bei der Oma?"
„Nein, die liegen im Schatten im Auto!"
Noch größere Augen.
„Ich bin ja hier jetzt gleich fertig, das waren doch höchstens 10 Minuten. Das klappt schon."
Die Augen!
„Ja, dann wünsche ich Ihnen und Ihrem Nachwuchs alles Gute."
„Ja, danke!"
Dann endlich bin ich mit dem Gitter zur Kasse.
„Guten Tag. Da haben Sie aber ein gutes Sicherheitsgitter." Ich nicke bestätigend. „Ja ja, die Kleinen, wenn sie anfangen zu laufen, bekommt man richtig Stress."
„Ja, das stimmt." Ich habe mir verkniffen zu erwähnen, dass meine schon fast seit der Geburt laufen. Die wäre an der Kasse umgefallen.
„So und dann gebe ich Ihnen heute als Geschenk noch eine Sicherheitsweste mit."

„Oh, danke schön! Auf Wiedersehen."
„Schönen Sonntag noch und alles Gute für Ihren Nachwuchs."
Jetzt sitze ich hier und überlege, ob ich Pepper oder Chilli die Weste anziehe.
Hätten die mir nicht zwei geben können????
(Daniela mit Pepper und Chilli)

An manchen Tagen ist Gassi gehen nicht schön

Wir wollten einen schönen Spaziergang durch den Park machen, Pepper, Eddy und ich. Wir laufen noch nicht lange, als ich einen Dobermann-Schäferhund-Mix sehe, dessen Halterpärchen turtelnd auf einer Bank sitzt und den Hund mehr oder weniger unbeaufsichtigt frei laufen lässt. Irgendwann hat er uns ausgemacht und kommt auf uns zu. Groß, schwarz und offensichtlich aggressiv.

So und nun mal ehrlich. Was macht man, wenn so ein Hund auf einen zukommt und man weiß, dass es Ärger geben wird. Man hat ja immer gelernt den eigenen Hund nicht hochzuheben.

Ok, vertrauen wir darauf und lassen Pepper unten. Pepper reagiert indem er versucht, vor dem heranstürmenden Hund wegzurennen.

Wir hatten unseren Hund an der Schleppleine, als die zu Ende ist, rennt Pepper jaulend in die andere Richtung, der Höllenhund hinterher. Ich versuche dazwischen zu gehen, denn vom Halterpaar keine Spur, die sitzen doch tatsächlich immer noch auf der Bank.

Also haben wir versucht dieses große, schwarze Tier von Pepper fernzuhalten. Eddy hat sogar versucht, Pepper hochzuheben. Doch der rennt und kreischt und jault und der Höllenhund bekommt ihn sogar zu fassen. Endlich schaffe ich es, greife Pepper in das Fell und hebe ihn hoch. Für einen Moment scheint es zu klappen, doch dann erwischt er Pepper wieder. Und jetzt reicht es mir! Ich fange an zu schreien, dass der Scheißköter abhauen soll. So laut, dass der Halter endlich auch mal reagiert, denn das Knurren und die Keilerei haben ihn wohl nicht sonderlich beeindruckt.

Er steht gemächlich von der Bank auf, die etwa 70 Meter entfernt steht. Aber anstatt dass der Typ sich ein wenig bewegt, kommt er ganz in aller Gemütsruhe anmarschiert. Edgar hat Pepper immer noch nicht erwischt. Ich gehe wieder dazwischen und mittlerweile ist mir alles egal, ich trete zu; wozu war ich denn mal beim Kampfsport?

Bei den ersten beiden Tritten habe ich mich noch zurückgehalten, der dritte wäre nicht mehr ohne Folgen für den Hund geblieben. Doch der Hund hat Glück, sein Halter ist eben eingetroffen.

Und was macht der? Betüddelt seinen Höllenhund! „Ja, Charly, was machst du denn?"

Keine Entschuldigung, nichts, seine Freundin sitzt wie unbeteiligt auf der Bank und raucht.

Da platzte mir aber endgültig der Kragen und ich hab den erstmal angeschrien, was er für einen aggressiven Köter hat, welchen Höllenhund er da frei rumlaufen lässt und dass ich mir jetzt eigentlich seinen Namen aufschreiben und ihn anzeigen müsste. Keine Reaktion.

Wir sind dann gegangen und erst zuhause hat mir Eddy gezeigt, dass der Hund auch ihn gebissen hat. Ich verstehe das nicht. Erkennen die Leute eigentlich nicht was mit ihren Hunden los ist? Der nächste Tritt, den der Hund sich von mir einkassiert hätte, hätte eine Verletzung für ihn nach sich gezogen. Und die nächste Frage, die sich mir stellt: Hebt man seinen Hund in der Situation aus der Gefahrenzone? Auch wenn jede Hundeschule das verneint?

(Daniela mit Pepper und Chilli)

Die kleine Herzensbrecherin

Sie macht alles durcheinander,
sie schaut dich dann nur lieb an,
wenn du sie schimpfst.
Sie ist die kleine Herzensbrecherin!

Sie buddelt in deinem Blumenbeet,
sie sieht dich dann nur an
und es ist mit dir passiert.
Sie ist die kleine Herzensbrecherin!

Sie liegt zu deinen Füßen und schläft.
Sie streckt sich und
du musst sie einfach streicheln.
Sie ist die kleine Herzensbrecherin!

Sie geht mit dir spazieren
und möchte jeden begrüßen.
Sie ist einfach süß.
Sie ist die kleine Herzensbrecherin!

Sie folgt dir leise auf vier Pfoten,
wie ein Schatten.
Sie will einfach bei dir sein.
Sie ist die kleine Herzensbrecherin

Wer ist die kleine Herzensbrecherin?
Sie ist eine wunderschöne,
süße kleine Havaneserdame,
der keiner widerstehen kann.
Und diese kleine Knutschkugel
ist unsere Wuschel.
Sie ist unsere kleine Herzensbrecherin

(Holles mit Wuschel)

Herz gesucht

Herz gesucht, auch leicht getragen,
und nicht kreislaufstörungsfrei,
aber fähig gut zu schlagen
und vor allem herzlich treu.

Das im Dünnen wie im Dicken,
stets Gefährte bleibt und Freund
und aus völlig freien Stücken
ehrlich ist – und nicht nur scheint!

Das nicht lügt und nicht gemein ist
und nie ander´n sich verschreibt,
das, wenn man in Not allein ist,
trotzdem da ist – und auch bleibt.

Herz gesucht! – und schon gefunden,
klug, bescheiden und gesund,
treu, sogar mit Überstunden.
DENN ICH HABE EINEN HUND!

(Dani mit Pepper und Chilli)

Hundeklo

Hallo, ich heiße Luna und ich will euch mal erzählen, was ich mir habe einfallen lasse, um mein Frauchen richtig zu beeindrucken. Frauchen achtet peinlichst genau darauf, dass ich meine Geschäfte im Garten abwickle. Sie behauptet, ein gutes Geschäft zur rechten Zeit und am rechten Ort ist lohnend. RECHT HAT SIE! Weil sie sich immer total freut, wenn das Geschäft gut abgeschlossen ist und knuddelt mich so richtig schön durch! Wenn mein Frauchen Richtung Bad und WC marschiert, muss ich einfach mit! Ich will meinem Frauchen doch immer nahe sein. Jedenfalls ist in diesem Raum so ein rundes Dingens mit einer tollen Wasserspülung, die ich schon eingehend untersucht habe. Jedenfalls dachte ich, das kann ich auch! Frauchen rennt ständig mit mir nach draußen. Toll finde ich das! Da ist ja mein Freund Max (ein Meerschweinchen) und ich tobe um das Meerschweinchengehege, beiße Tante Tinka in die Hacken, fresse alles was mir unter die Nase kommt. Aber Geschäftchen? Nö! Dafür hab ich keine Zeit, egal wie lange wir auch draußen sind. Irgendwann geht's dann wieder rein und ich bin dann ganz müde vom Rennen und Spielen. Frauchen hat sogar überlegt, ob sie mit mir zum Tierarzt soll. Die denkt doch glatt, ich hab einen Stopfen oder so was. Keine Ahnung, was das ist. Jedenfalls als ich denke Frauchen arbeitet, stehe ich leise auf, denn mich drückt das was. Ich merke allerdings nicht, dass Frauchen das mitbekommen hat und mir leise nachschleicht. War echt fies, die hat sogar die Schuhe ausgezogen. Zwischen Küche und Büro haben wir eine Waschküche. Und die ist richtig klasse, weil – passt mal auf, jetzt kommt es – mitten in der Waschküche ist ein „Hunde-WC". Ja echt!
Da ist nämlich ein Ablauf im Boden eingelassen und darüber stell ich mich und schwups – perfekt finde ich das. Das ist hier echt komfortabel! Ein Hunde-WC. Nur die Spülung – die fehlt.
(Andrea mit Luna)

Besuch vom Monster

Hallo, ich bin die Kira und ich muss unbedingt etwas erzählen. Meine Mama kündigte für die nächsten zwei Tage Besuch an. Sie sagte, es kommen mein Onkel und meine Tante mit meinem Cousin. Was war das denn nun wieder? Was ist ein Cousin? Ich war ganz gespannt. Und dann kam er! Es ist kaum zu glauben: mein Cousin ist ein Monster!!! Ein großes schwarzes Monster!! So eins hab ich noch nie gesehen. Ich bin direkt zu meiner Mama gelaufen, der kam aber immer hinter mir her. Da hab ich ihn mal kräftig angeknurrt, danach hat er vielleicht dämlich aus der Wäsche geschaut, so dass ich mir dachte: Das wirkt, also mach ich so weiter. Und immer wenn er kam, hab ich geknurrt und auch mal nach ihm geschnappt und er ist tatsächlich rückwärts gegangen. Komisch, ist das nun ein Hund oder ein Angsthase? Der ist doch doppelt so groß wie ich, aber ich glaub, auch ein bisschen blöd. Am nächsten Tag kam er schon wieder auf mich zu, ich hab mich dann unter den Stuhl gesetzt und wieder geknurrt. Furby, mein Hundebruder, saß neben mir und hat auf mich aufgepasst. Der hat nämlich gar keine Angst vor dem Monster, das Monster ist sogar eigentlich sein Freund, aber nur solange er mich in Ruhe lässt. Und da kam das Monster, das eigentlich Buck heißt, schon wieder mit seinem großen Kopf unter den Stuhl zu mir, da hat Furby ihn aber angesprungen und ganz fürchterlich mit ihm geschimpft. Da ist das Monster Buck dann ganz schnell rückwärts wieder verschwunden. Mensch, glaubt mir, das ist schon toll, wenn man einen großen Bruder hat, dann muss man gar nicht so viel Angst haben. Als sich mein Cousin wieder verabschiedet hat, hab ich dann doch mal ganz neugierig an ihm geschnuppert, vielleicht ist er ja doch nicht ganz so schlimm, wie er aussieht. Na ja, vielleicht kommt er ja noch einmal zu uns, dann sehen wir weiter. Jetzt bin ich erstmal froh, dass ich wieder meine Ruhe habe, aber wer weiß, vielleicht gefällt er mir ja nächstes Mal schon etwas besser.
Eure Kira (Hiltrud mit Kira und Furby)

Urlaub mal anders

Ingrid kommt freudestrahlend von der Arbeit nach Hause und begrüßt ihren Hund Bonny überschwänglich und erzählt ihm was von Urlaub. Doch Bonny scheint nicht so recht zu verstehen, lauscht nur mit schief gelegtem Kopf ihrem Frauchen.
Aber irgendwie scheint sie nichts Gutes zu ahnen und auch das Herrchen wirkt nicht ganz so glücklich. Bis Bonny begriffen hat, dass es jetzt andersrum gehen soll. Denn Ingrid plant die Zeit für einen gründlichen Hausputz, los geht's mit den Fenstern.
Aber das ist noch nicht alles, es steht auch noch „Bonny erziehen" auf ihrem Plan. Vorbei ist es mit der gemütlichen Vormittagsruhe, bei der Bonny und ihr Herrchen nicht viel getan haben. Ihre Unternehmungen bestanden hauptsächlich aus Schmusen und Spielen, in den Garten gehen und toben. Bonny brauchte nicht dauernd Sitz machen oder kommen, wenn sie gerufen wird. Ihre Leckerlis hat sie auch so bekommen. Ach war das schööööön. Adieu du schöne heile Welt. Für eine Woche. Dann kommen die schönen Tage wieder.
(Ingrid mit Bonny)

Der Straßenverkehr

Bonnys Frauchen hat Urlaub und will eigentlich das Hundchen erziehen. Doch das Hundchen ist ein schlaues Hundchen und hat sich was einfallen lassen, dass es nicht ganz so stressig wird. Folgendes ist passiert. Bonny soll den Straßenverkehr kennenlernen, da sie ziemlich abseits auf einem Berg ohne richtigen Verkehr wohnt. Es ging dann erstmal runter vom Berg und auf dem Weg nach unten kam ab und zu ein Auto vorbei. Ingrid, Bonnys Frauchen, befahl ihr jedes Mal Sitz zu machen, damit sie nicht vors Auto rennt. Wenn es geklappt hat, gab es jedes Mal ein Leckerchen.
Dann sind sie auf der Hauptverkehrsstraße angekommen und Bonny wollte wohl zeigen, was sie gelernt hatte. Es kamen ziemlich viele Autos vorbei und Bonny setzte sich freiwillig brav bei jedem Auto hin. Und es kamen ziemlich viele Autos vorbei.
Ingrid fand die Idee dann mit dem regelmäßigen Hinsetzen dann doch nicht mehr so gut, doch der brave Hund ließ sich nicht mehr davon abbringen und setzte sich wirklich alle paar Meter brav hin. Bald blieb Ingrid nichts anderes mehr übrig; sie musste Bonny nach Hause tragen, wollte sie nicht erst in finsterer Nacht ankommen.
(Ingrid mit Bonny)

Balkon und Garten

Also passt mal auf. Ich habe da so ein gewisses Verständigungsproblem mit meinem Frauchen. Ich soll doch mein Geschäft immer im Garten machen. Aber jetzt habe ich herausgefunden, dass das auch auf dem Balkon geht. Wenn ich richtig ziele, dann fällt es durch die Ritzen und landet im Garten. Trotzdem bekomme ich Schimpfe, wenn ich das mache. Kann mir mal einer sagen, warum? Was ist denn da bloß falsch dran? Wenn's passiert ist, schnappt mich mein Frauchen und trägt mich hinunter in den Garten und schimpft in allen Tonlagen. Ich freue mich, dass ich alles so gut hinbekommen habe, (ist ja ziemlich schwierig, so genau zu treffen) und sie meckert noch. Ich versteh´ die Welt nicht mehr, ich soll doch mein Geschäft in den Garten machen?
(Ingrid mit Bonny)

Chilli eisgekühlt

Ich dachte wirklich, Pepper hat alles an Streichen gespielt, die einem kleinen Hund so einfallen können, aber das ist nichts im Vergleich mit Chilli! Frauchen suchte im Kühlschrank nach was Essbarem. Chilli schaute interessiert zu, schnupperte am Käse. „Nein Chilli, keinen Käse." Daraufhin schnupperte er an der Wurst. „Nein Chilli, komm, steck mal den Kopf nicht so in den Kühlschrank." Da klingelte das Telefon. Ich ging schnell zum Telefon hin, stellte noch während des Gehens fest, dass der Kühlschrank noch halb offen stand. Trotzdem ging ich erst zum Telefon, dann mit dem Telefon in der Hand zurück zum Kühlschrank und diesen zugemacht.
Natürlich war es nur einer dieser ominösen Verkaufsanrufe. Ich wimmelte ihn schnell ab und legte auf. Pepper stand neben mir, schaut mich schwanzwedelnd an und ich erzählte ihm, was ich von solchen Anrufen halte. Irgendwann fiel mir auf, dass da noch ein Hund sein müsste.
„Wo ist denn der Chilli, Pepper? Chilli???? CHILLI!!!!"
Weg! „Aber der war doch eben noch da." Immer noch weg. Das konnte doch gar nicht sein!!
„Chilliiiii!!!!!"
Er konnte doch nur im Bereich Wohnzimmer/Küche sein, die Haustüre war zu. Aber ich sah ihn nirgends. „Chilli?"Auf einmal hörte ich ein ganz verhaltenes Bellen.
„Nein, Chilli, das hast du nicht gemacht, das kann nicht sein!"
Kühlschrank auf und tatsächlich, da sitzt er zwischen der Wurst!
Putzmunter! Der hätte erfrieren können! Ich habe mir furchtbar Vorwürfe gemacht.
Gut, die Aktion hat höchstens 3 Minuten gedauert. Ich habe den Kleinen rausgenommen und abgesetzt. Keine Ahnung, was ich erwartete, er rannte gleich wieder los, als sei gar nichts gewesen, biss Pepperchen ins Ohr, balgte rum und widmete sich wieder seinem Rinderohr.
Und ich? Ich war total fertig. Mein armer Hund. Bin ich schlecht im Hundesitten?
(Daniela mit Pepper und Chilli)

Die gelben Monster

Ihr kennt sie bestimmt. Die liegen alle 4 Wochen an der Straße rum und werden am nächsten Tag von einem großen Auto abgeholt. Alle vier Wochen, wenn Banjo zum letzten Pieseln rausgeht, sind sie da, die gelben Monster. Der Hund ist dann nicht in der Lage zu pieseln. Geht nicht. Er muss nach den Monstern gucken. Stocksteif bleibt er auf der Straße stehen und guckt. Fertig. Nichts sonst. Vorbeigehen geht grade noch so. Wenn Frauchen nicht so vehement dagegen wäre, sich dann im Stockdunkeln mit den Inhalten der Monster abzugeben, dann hätte Banjo so ein Monster auch schon zerlegt. Aber sein Frauchen will das nicht. Und Frauchen will auch nicht in der Finsternis bis in den Wald gehen, wo vermutlich keine gelben Monster mehr sind.
So wird also alle vier Wochen abends nicht mehr gepieselt. Ab ins Bett ohne Pippi machen.
Und jedes Mal schläft Frauchen ganz schlecht, weil sie immer denkt, der Kleine muss doch mal müssen...
Doch der junge Mann scheint in diesen Nächten eine Blase aus Leder zu haben. Bisher ist es immer gut gegangen und er ist dann erst morgens ganz normal zum Pinkeln raus. Heute hat er aber vor lauter gelben Monstern, die immer noch da waren, vergessen sein großes Geschäft zu machen!
Die gelben Monster? Das sind die gelben Säcke, Plastikmüll.
Seufz, so ein Hundeleben ist schon wirklich schwer.
(Annika mit Banjo)

Am Flughafen

Heute meinte mein Frauchen mal wieder, dass es Zeit für eine neue Lernlektion wäre. Also fuhren Pepper und ich nach Köln zum Flughafen! Das war vielleicht aufregend. Die Dosis haben ein wenig außerhalb geparkt und sind erstmal ein wenig mit uns spazieren gegangen, so dass wir in Ruhe pieseln und häufeln konnten. Dann sind wir zurück zu diesem seltsamen Flugplatz. Jetzt wollte ich doch auch mal wissen, was das ist. Zuerst ging es durch so eine komische Türe in den Flughafen hinein. Und direkt in so einen Kasten, mit dem man rauf und runter fahren kann. Komisches Gefühl, da gehen die Türen zu und dann geht's abwärts. Danach kam dann eine Treppe, aber keine wie zuhause, sondern eine bei der die Stufen da erst ganz langsam zu richtigen Stufen werden. Und da sollte ich mich draufsetzen. Nö, fand ich total doof. Aber mein Frauchen hat mich überredet und ich hab ein Leckerchen bekommen, und dann saß ich da auf dem Stufenteil und es ging wieder abwärts. Na gut, wenn's denn sein muss. Und dann saßen mein Bruder Pepper und ich an so einem Zugbahnhof und haben auf einen Zug gewartet. Dann kam er und hat erstmal viel Wind gemacht, quietschte total komisch und hielt an. Und dann kamen da ganz viele Koffer raus. Doch echt! Und die Koffer sind total interessant, die haben nämlich Rollen. Ich fand das so toll, dass ich jeden Koffer einzeln begrüßt habe. Die rollen ja, super! Kann ich nicht in so einem Koffer sitzen, Frauchen? Doch da ging es schon wieder zu diesem Stufendingen, doofes Teil. Aber gut, was tut man nicht alles für sein Frauchen. Und dann auch noch wieder in das Teil zum Hochfahren, gut, warum nicht. Wir kamen dann in eine große Halle, und da waren sie wieder. Die Koffer, und ganz viele davon! Klasse sag ich euch! Das ist ja sooo interessant! Doch mein Frauchen zupft schon wieder an der Leine. Menno, warum soll ich denn immer laufen? Lasst mich doch mal sitzen und gucken. Dann meinte Frauchen, dass wir noch auf so eine Plattform gehen. Da brummte es ein wenig und es kamen so Dinger aus der Luft runter, aber das fand ich total langweilig. Auch die Kinder, die um mich rumgehüpft sind, nö langweilig. Endlich ging's wieder zurück in diese Halle mit den fahrenden Koffern. Klasse sage ich euch! Und die ganzen Leute! Nein, Frauchen, nicht schon gleich wieder gehen, ich muss noch mal richtig gucken. Schließlich meinte mein Frauchen es wäre jetzt genug, also sind wir wieder gegangen. Im Auto hatten meine Dosis dann noch einen Snack. Lecker! Hühnchenstreifen und Wasser. Ich war total glücklich. Jetzt liege ich hier und träume von fahrenden Koffern und bin am schmatzen.
(Daniela mit Pepper und Chilli)

Bonny im Bett

Hallo, mein Name ist Bonny und ich muss euch mal berichten, was ich geschafft habe.
Mein Frauchen war ja immer davon überzeugt, dass Hunde im Bett nichts zu suchen haben. Deswegen war mein Schlafplatz, bis ich sauber war, eine Kiste mit einer weichen Decke drin. War ja in Ordnung. Dann fuhren wir in den Urlaub und die Kiste konnte natürlich nicht mit. War zu groß. Frauchen nahm ein Körbchen für mich mit und da hab ich auch immer ganz lieb drin geschlafen. Gut, ich hab's dann doch auch mal probiert, aber sie waren eisern. Da hab ich mich dann erstmal gefügt. Aber ich dachte, wartet nur, meine Chance kommt noch. Und was denkt ihr, wo ich seit ein paar Tagen schlafe? Na klar: IM BETT!! Aber ich kann euch sagen, das war Schwerstarbeit! Abends bin ich mit Frauchen zu Bett. Ich natürlich im Körbchen und sie lag im gemütlichen Bett. So geht's ja nicht! Ich will da auch rein, also hoch gehüpft. Frauchen hat mich doch tatsächlich wieder runter ins Körbchen geschickt. Herrchen hat natürlich ordentlich gemeckert, denn das ging jeden Abend so, 20mal. Aber alle meine Versuche waren erfolglos.

Da kam mir eine rettende Idee! Schlau wie ich nun mal bin, habe ich mich ganz lieb ins Körbchen gelegt und so getan als ob ich schlafe. Dann, als alles ruhig war, bin ich ganz leise ins Bett gesprungen und hab's mir in der Besucherritze bequem gemacht. Die Gesichter von Herrchen und Frauchen am Morgen hättet ihr mal sehen müssen! Die haben ganz dusselig aus der Wäsche geguckt.
So habe ich das 4 Nächte durchgezogen.
Und dann haben meine Leute aufgegeben und ich durfte immer ins Bett, wann ich wollte.
Ich bin jetzt richtig stolz, meine Leute um die Pfötchen gewickelt zu haben.
(Ingrid mit Bonny)

Da ist ja einer kleiner Pimpf müde, auf dem Bild hier unten!
Ich nicht! Ich bin fit wie ein Turnschuh oder soll ich lieber sagen wie ein Havaneser?
Jetzt geht´s gleich weiter mit Fragen von A-Z, falls Sie überhaupt noch Fragen haben sollten.

9. Havaneser-Fragen von A-Z

A wie Auge:
Manche Havaneser neigen zu Tränenfluss. Ein Patentrezept gibt es für die rötlichen Verfärbungen leider noch nicht. Manch einer probiert es mit verschiedenen Shampoos oder Tränensteinentferner aus dem Handel. Abzuraten ist das Kurzschneiden um die Augenpartie. Denn wenn die Haare nachwachsen, pieksen sie in den Augen und führen zu erneuten Reizungen. Als ultimativer Tipp: Einfach akzeptieren!

B wie Bellen:
Ein Havaneser ist kein wirklich bellfreudiger Hund. Aber ein Havaneser ist nun mal auch ein Hund und Hunde bellen eben. Es kann also sein, es klingelt an der Haustüre und der Hund schlägt an. Man kann nun dem Hund entweder beibringen, nicht zu bellen, ihn also beruhigen und ihm das Bellverhalten in bestimmten Situationen abzugewöhnen, oder man freut sich, dass der Hund aufmerksam ist und anschlägt. Denn im Grunde macht er ja auf etwas aufmerksam!

C wie Chippen:
Das Chippen ist das Einpflanzen eines Transponders beim Tierarzt. Manche Hunde sind bereits tätowiert. Trotzdem sollte die Registrierung mittels Transponder beim Tierarzt als zusätzlicher Schutz für den Hund dringend vorgenommen werden. Das Chippen ist keine große Sache: der Chip wird mit einer Kanüle unter die Haut gespritzt. Danach ist der Chip mittels elektronischem Lesegerätes überall auf der Welt wieder auszulesen. Dies schützt Ihren Hund vor Diebstahl und hilft, ihn wiederzufinden, wenn er verloren ging. Nach dem Chippen wird die Chipnummer einer Tierschutzorganisation, wie z.B Tasso mitgeteilt und der Hund wird dort registriert.

D wie Durchfall:
Havaneser können sensible Fresser sein. Ab und an reagieren die Hunde mit Durchfall. Das passiert häufig bei Futterwechsel. Bitte niemals das Futter ganz abrupt wechseln, sondern immer ganz langsam durch Zufüttern des neuen Futters ins bereits vertraute Futter. Sollte es dennoch zu Durchfall kommen, dann hilft gekochtes Hühnchen, ohne würzen, evtl. in etwas Brühe gegart, mit ein wenig Reis. Durchfall kann aber auch ein Anzeichen von Magen-Darm-Erkrankungen oder Wurm-/Parasitenbefall sein. Wenn der Durchfall länger als zwei Tage anhält, sollte man den Tierarzt aufsuchen und die Ursache abklären lassen.

E wie Einkaufen:
Ihr Havaneser möchte am liebsten 24 Stunden täglich bei Ihnen sein. Leider gibt es bestimmte Orte, da kann Ihr Hund Sie nicht begleiten, z.B. bei einem Arztbesuch oder aber beim Einkaufen. Bitte binden Sie Ihren Hund nicht alleine vor einem Laden an. Die Gefahr, dass er gestohlen wird, ist sehr groß. Erstens ist ein Havaneser ein sehr geselliger und freundlicher Hund. Er könnte also durchaus direkt mit Fremden mitgehen. Zweitens ist er zudem auch noch ein seltener und teurer Kleinhund. Es gibt die Möglichkeit, ihn über einen wirklich kurzen Zeitraum im Auto zu lassen. Aber bedenken Sie bitte, dass im Sommer das Auto sehr schnell zu einem Brutkasten für Ihren Hund wird. Oft liest man leider vom Hitzetod von Hunden im Auto. Schon bei Außentemperaturen von 20 Grad und Sonneneinstrahlung heizt sich das Auto sehr schnell auf und Ihr Hund leidet Höllenqualen.

F wie Fell:

Das Fell eines Havanesers ist nicht von Natur aus so lang, nein, es wurde so lang gezüchtet. Ab und an werden Sie auf Spaziergängen sicher einmal gefragt: Schwitzt Ihr Hund nicht? Gut, das korrekt zu beantworten, dazu müssten wir Havaneser sein. Fakt ist, ein Havaneser wird sich bei hohen Temperaturen nicht sonderlich bewegen. Das macht aber der Mensch auch nicht, es sei denn, er muss. Ein kurz geschnittener Havaneser wird vielleicht agiler erscheinen, dennoch ist es wissenschaftlich nicht bewiesen, dass das Kürzen des Fells bei hohen Temperaturen von Vorteil ist. Wie Sie es letztlich handhaben, hängt ganz von Ihnen ab. Es ist eine Geschmacksache und eine Einstellungssache. Ein Havaneser, der ausgestellt wird, darf jedoch grundsätzlich nicht geschnitten sein. Von einem Scheren des Havanesers ist gänzlich abzuraten, denn das dann sehr kurze Fell kann die empfindliche Hundehaut nicht mehr vor Sonnenstrahlen schützen. Ihr Hund könnte einen Sonnenbrand erleiden.

G wie Gewicht:

Wie ist das Ideal- oder Normalgewicht eines Havanesers. Das ist eine ebenso nicht eindeutig zu klärende Frage. Jeder Havaneser ist ein Individuum und man kann nicht pauschal sagen, wie schwer der Hund sein darf. Solange die Rippenbogen zu fühlen sind, ist Ihr Hund nicht wirklich zu dick. Sicherlich wird Ihnen Ihr Tierarzt helfen. Fragen sie ihn einfach mal bei einem Routinecheck, ob ihr Hund zu dünn oder zu dick ist. Im Rassestandard des Havanesers ist das Gewicht im Gegensatz zu den meisten anderen Rassen übrigens nicht festgelegt. Es gibt unter den ausgewachsenen Havanesern Leichtgewichte von ca. drei Kilogramm, aber auch Schwergewichte von bis zu zwölf Kilogramm. Im Mittel liegen die Werte je nach Größe, Konstitution und Geschlecht des Hundes zwischen 3,5 und 8 Kilogramm. Ein Welpe sollte bei der Abgabe ein Gewicht von 1.200 Gramm keinesfalls nicht unterschreiten.

H wie Haustiere:

Passt mein Havaneser zu anderen Haustieren, wie zum Beispiel meiner Katze oder meinem Vogel? Grundsätzlich ja. Geben Sie beiden Tiere genügend Zeit, sich aneinander zu gewöhnen. Es kann ein wenig dauern, aber grundsätzlich sind Havaneser sehr verträgliche Hausgenossen.

I wie Impfungen:

Bei Impfungen und Fragen rund um die Impfungen ist Ihr Tierarzt ihr bester Ansprechpartner. Bitte achten Sie auf die vorgeschriebenen Impfungen. Auch wenn heute sehr viele Krankheiten nicht mehr vorkommen, dann ist das dem regelmäßigen Impfen zu verdanken. Wichtigste Impfung für den Hund ist immer noch die 5-fach-Impfung.

SHLPP:

S wie Staupe, eine Viruserkrankung die auch heute noch in Deutschland vorkommt.
H wie Hepatitis, eine virusbedingte Leberentzündung.
L wie Leptospirose, eine bakterielle Infektion, die zu einem chronischen Nierenversagen führt.
P wie Parvovirose, eine häufig tödliche Viruserkrankung mit blutigem Durchfall und Erbrechen.
P wie Parinfluenza der Zwingerhusten oder die Grippe unter den Hunden.

Oftmals bietet Ihnen ihr Tierarzt auch die sogenannte SHLPPT-Impfung an. Dann erhält Ihr Hund zusätzlich noch den Impfschutz gegen Tollwut.

Ein persönlicher Tipp: Lassen Sie die Tollwutimpfung separat impfen. Wie der Mensch, so kann auch der Hund nach der Impfung ein paar Impfreaktionen zeigen. Abschwächen kann man diese Reaktionen durch eine separate Tollwutimpfung. Sprechen Sie mit Ihrem Tierarzt, er kann sie am besten beraten. Die SHLPP wird jährlich aufgefrischt. Je nach Tollwutimpfstoff erfolgt hier die Auffrischung ebenfalls jährlich oder alle drei Jahre.

J wie Juckreiz, oder auch Allergie:

Auch Hunde leiden unter Juckreiz. Dies kann viele Ursachen haben. Lassen Sie es immer abklären. Juckreiz entsteht durch Milben, Flöhe, Insekten, Hautirritationen und leider auch durch Allergien. Futtermittelallergien nehmen auch bei Hunden zu und sind recht schwierig zu bestimmen, da nach dem Ausschlussverfahren ermittelt werden muss, auf welchen Bestandteil des Futters der Hund allergisch reagiert. Vielleicht benutzen Sie aber auch nur das falsche Shampoo? Ihr Tierarzt wird Ihnen helfen und gemeinsam werden sie herausfinden, was Ihrem Hund fehlt.

K wie Kinder:

Sicherlich mag ein Havaneser Kinder. Aber: Beide müssen sich aneinander gewöhnen. Planen Sie die Anschaffung eines Havanesers auch angesichts des Alters Ihrer Kinder. Bitte bedenken Sie: Es ist kein kleiner Schritt, wenn Sie einen Hund in die Familie aufnehmen, gerade, wenn Sie ein Baby oder Kleinkind haben. Sowohl Ihr Hund als auch Ihr Kind müssen lernen – und Ihre Aufmerksamkeit brauchen beide. Sie werden selbst entscheiden müssen, ob Sie die Doppelbelastung meistern werden. Hier kann Ihnen Ihr Züchter ebenfalls wertvolle Tipps geben.

L wie Läufigkeit:

Wenn „Herrenbesuch" vor der Tür steht und sich Rüden stark für Ihre Hündin interessieren, dann wissen Sie: Ihre Hündin ist läufig. Die erste Läufigkeit tritt bei Havanesern meist im Alter zwischen sechs und zehn Monaten auf, manchmal auch erst mit zwölf Monaten. Dann ist die Hündin geschlechtsreif. Danach wiederholt sich die Läufigkeit ca. jedes halbe Jahr. Manche Hündinnen werden allerdings nur einmal im Jahr läufig. Die Läufigkeit selbst dauert etwa drei Wochen. Sie erkennen den Beginn der Läufigkeit daran, dass fremde Rüden plötzlich Interesse an der Hündin haben. Die Schamlippen schwellen an. Zudem tritt eine Blutung auf und die Hündin putzt sich vermehrt im Genitalbereich. Die Blutungen bei Havaneser-Hündinnen sind meist schwach und werden von manchen Besitzern kaum oder erst verspätet wahrgenommen. Tipp: Wenn Sie glauben, Ihre Hündin sei läufig, machen Sie direkt nach dem Spaziergang, noch bevor die Hündin die Chance hat, sich zu putzen, mit einem Papiertaschentuch die „Tupfprobe". Wenn die Blutungen nach acht bis zwölf Tagen nachlassen und sich das Blut von anfangs dunkelrot nach rosa verfärbt, beginnt die „heiße Phase". In der sogenannten Stehzeit, die meist zwischen dem zehnten und 16. Tag der Läufigkeit liegt, ist die Hündin paarungsbereit. Nur in dieser Zeit lässt sie Rüden, die sie vorher noch verbissen hat, an sich heran. Man erkennt diese Stehtage daran, dass die Hündin stehen bleibt, wenn ein Rüde sich nähert, ihm ihr Hinterteil anbietet und die Rute zur Seite legt. Seien Sie während der Läufigkeit besonders aufmerksam und lassen Sie Ihre Hündin nicht frei laufen, um eine ungewollte Verpaarung zu verhindern.

M wie Mode:
Braucht mein Hund einen Regen- oder Schneeschutz? Sagen wir mal so: Das kommt auf Sie und Ihren Hund an. Bei Regen werden Sie beobachten, dass Ihr Havaneser vielleicht nicht unbedingt raus möchte. „Bei dem Wetter schickt man keinen Hund vor die Tür", das nimmt ein Havaneser manchmal wörtlich. Ein nasser Hund sollte je nach Temperatur mit einem Handtuch abgetrocknet und evtl. trocken geföhnt werden. Bedenken Sie, auch ein Hund kann sich erkälten und das dichte, lange Fell eines Havanesers trocknet sehr langsam.
Interessanter wird es mit dem Schnee. Sie werden schnell merken, Schnee hängt sich gerne ins lange Haar des Havanesers. Je nachdem, wie lange Sie spazieren gehen, werden Sie feststellen: Immer mehr Schnee bleibt im Fell, vor allem an den Beinen hängen, und macht Ihrem Havaneser das Laufen zusehends schwerer. Hier kann ein Schneeanzug viel wert sein, denn er verhindert die Schneeballbildung im Fell!

N wie Nachtquartier:
Ja, wo soll denn jetzt mein Hund schlafen? Grundsätzlich sei gesagt: in Ihrer Nähe. Es gibt Besitzer, da schläft der Hund einfach mit im Bett. Es gibt Halter, da schläft der Hund im Schlafzimmer, jedoch im Körbchen oder auf seinem Kissen neben dem Bett. Und es gibt auch die Hunde, die in einem anderen Raum schlafen. Es liegt an Ihnen, welchen Platz Sie für Ihren Liebling ausgesucht haben, aber je näher er bei Ihnen ist, umso wohler fühlt sich der Havaneser.

O wie Oma-Opa:
Meine Oma (mein Opa) will jetzt einen Hund, in ihrem (seinem) Alter, ist das denn möglich? Ja das ist möglich. Ein Havaneser ist auch ein Seniorenhund. Dennoch ein kleiner Hinweis, auch ein Havaneser braucht Auslauf. Er ist kein Australien Shepherd, der gerne ganze Schafherden zusammentreibt, aber auch ein Havaneser braucht 1-2 Stunden Auslauf pro Tag. Das sollten Sie schon sicherstellen können. Ansonsten ist ein Havaneser auch ein Kuschler, der gerne mal mit Ihnen auf der Couch liegt, oder Ihnen die Füße wärmt.

P wie Preis:
Kurz und knapp ein Havaneser kostet seinen Preis. Eine realistische Preisspanne zwischen 750 und 1200 Euro sollten Sie schon einplanen, wenn Sie einen Welpen von einem seriösen, verbandsangehörigem Züchter kaufen. Dafür können Sie erwarten, dass Sie neben einem liebevoll aufgezogenem Welpen mit einwandfreien und gesundheitlich überprüften Elterntieren auch viele Ratschläge für das tägliche Leben mit Ihrem neuen Hund, eine gewisse Erstausstattung sowie einen ordentlichen Kaufvertrag mit Gewährleistung bei erbbedingten Fehlern und Krankheiten erhalten. Ahnentafel und EU-Impfpass sowie Kennzeichnung des Welpen (Tätowierung oder Chip) sind selbstverständlich.

Q wie Qualzucht:
Ein Havaneser ist keine Qualzucht und dennoch wurde er vom Menschen verändert. Sein Fell war früher nicht so lang. Der Fellpflege wurde bereits ein gesondertes Kapitel zugedacht. Ob nun kurz geschnittenes oder natürlich langes Fell: Ihr Havaneser braucht Pflege – und die sollten Sie ihm auch unbedingt gewähren.

R wie Risiken:
Braucht ein Havaneser auch eine Versicherung? Grundsätzlich ja, denn auch ein Kleinhund wie ein Havaneser kann über eine befahrene Straße laufen und einen Auffahrunfall verursachen. Eine Hundehaftpflichtversicherung ist deshalb eine gute und unbedingt zu empfehlende Investition. Sollte man auch eine OP-Versicherung abschließen? Dazu sei gesagt: Lassen Sie sich gut beraten, denn nicht jede Operation wird auch bezahlt. Einige Versicherungen schließen manche Operationen von vornherein aus. Bitte lesen Sie das Kleingedruckte. Ein Tipp: Sparen sie jeden Monat eine bestimmte Summe auf einem Konto an. Dann ist eine Tierarztrechnung nicht immer eine unangenehme Überraschung. Und wenn keine Tierarztkosten anfallen, bleibt Ihnen das Geld erhalten – im Gegensatz zum Versicherungsbeitrag.

S wie Spaziergang:
Wie lange soll ich mit meinem Hund spazieren gehen?
Nun, das liegt ganz bei Ihnen. Grundsätzlich sollte aber schon 1 Stunde täglich ein Muss sein. Bitte beachten Sie gleich zu Beginn, je länger sie spazieren gehen, umso trainierter wird Ihr Hund. Ein Welpe sollte natürlich langsam trainiert werden. Beginnen sie hier mit fünf bis zehn Minuten. Diese Zeit reicht dem Kleinen aus, um ganz viele Eindrücke zu sammeln. Sie können vielleicht im Urlaub täglich fünf Stunden wandern, aber schaffen Sie das auch im Berufsleben? Bedenken Sie bitte: Wenn Sie zwei Stunden mit Ihrem Hund joggen gehen, dann wird sich Ihr Hund daran gewöhnen und das regelmäßig mit Ihnen tun wollen.

T wie Treppensteigen:
Das Treppensteigen sowie Springen von Sofa oder Stuhl sollte bei Junghunden bis zum Alter von einem Jahr nach Möglichkeit vermieden werden. Die Bänder und Gelenke des Hundes müssen sich erst noch festigen. Das braucht seine Zeit. Zu starke und einseitige Belastungen in dieser Wachstumsphase können zu Folgeschäden führen. Um späteren Verschleiß zu vermeiden, stärken Sie lieber Ihre Armmuskulatur und tragen Ihren Hund die Treppen rauf und runter.

U wie Unsicherheit:
„Er saß in der Welpenstunde nur zwischen meinen Beinen". Hat er jetzt das Kleinhundesyndrom? Vielleicht, aber viel eher ist es das Problem: ein großer Hund überrennt Ihren kleinen Havaneser. So etwas verstärkt seinen Respekt und fördert seine Angst. Bestärken Sie Ihren Hund immer wieder. Auch Bachblüten können hier Abhilfe schaffen. Suchen Sie für sich und Ihren Hund eine Welpenstunde, in der er die Möglichkeit hat, auch Kontakt zu kleinen Hunden zu bekommen. Das macht ihm viel mehr Spaß und Hund und Halter können die Zeit entspannter genießen.

V wie Vertrag:
Zu einem Hundekauf gehört ein Kaufvertrag. Auch wenn der Hund ein Lebewesen ist, geht es nicht ohne gewisse Regeln. Lassen Sie sich den Kaufvertrag vor dem Kauf zeigen und von Ihrem Züchter erklären und achten sie auf die Gewährleistung. Ihr Züchter wird Ihnen alles erläutern. Was Sie nicht verstehen, hinterfragen Sie. Unterschreiben Sie keinen Kaufvertrag, der jegliche Gewährleistung des Züchters ausschließt oder eindeutig überzogene Vorgaben enthält.

W wie Wasser:

Mag der Havaneser wirklich so gerne das Wasser, wie man oft liest. Einfach gesagt: Der eine ja, der andere nicht. Auch unter den Havanesern gibt es Wasserratten und welche, die lieber trockene Pfoten behalten möchten. Lassen Sie das einfach Ihren Hund entscheiden.

Z wie Zecken:

Im dichten Haar vom Havaneser ist das Finden von Zecken alleine manchmal schon eine Kunst. In der Zeckenhauptsaison sollten Sie Ihren Hund täglich gründlich auf Zecken untersuchen. Bedenken Sie bitte, Zecken können zu wirklich unangenehmen Zeitgenossen werden, deren Bisse Infektionen und Krankheiten auslösen können. Ein Tipp: Nach einem Spaziergang schnell mal mit einem etwas feineren Kamm durch das Fell kämmen. Sollte Ihr Hund eine Zecke erwischt haben, dann gibt es diverse Hilfen im Tierhandel und beim Tierarzt. Wenn Sie unsicher sind, dann lassen Sie sich von Ihrem Tierarzt helfen und zeigen wie Sie eine Zecke erfolgreich entfernen.

Wo ist denn L wie „Leckerli" geblieben? Das haben sie jetzt glatt vergessen!
Na, wenn das so ist, will ich mich jetzt verabschieden und Frauchen gleich daran erinnern!

Ich hoffe Sie fanden das Buch informativ und Ihnen gefiel unser gemeinsamer Spaziergang! Vielleicht werden Sie jetzt auch zu einem Dosi (wissen Sie noch? Fresschen reichen, usw.) Und vielleicht treffen wir uns ja mal bei einem Spaziergang draußen in freier Natur. Ich wünsche Ihnen und Ihrem Hund (wenn Sie schon einem Hund gehören) ein wunderschönes, gemeinsames Leben!

Seien Sie alle ganz lieb gegrüßt,

Ihr Frederico

Stichwortverzeichnis

Lutzi Verlag Allgäu – D-87488 Betzigau

1. Auflage

Umschlagabbildung vorn: Havaneser-Gemälde, Anja Beermann
Umschlagfoto hinten: Claudia Reck

Bildnachweis:
Adams, Jasmin; August, Daniela; Behr, Petra; Berneiser, Ulrike; Block, Sandra; Bonigut, Günther; Dietrich, Sabine; Dr. Ries, Cornelia; Eberle, Heike; Fam. Holles; Flausch-Kopperberg, Sabine; Führer, Angelika; Halder, Marion; Heiduschke, Hiltrud; Hellnick, Carmen; Jentsch, Karin; Kaftan, Christiane; Kaftan, Eva; Kern, Kruse, Anja; Silvia; König, Martina; Kuhn, Stefanie; Kühner, Heike; Meier, Marion; Müller, Miriam; Nicola, Barbara; Paulus, Daniela; Reck, Claudia; Schneider, Anna; Schneider, Carmen; Schneider, Ulrike; Schneider, Wolfgang; Spinnrath, Monika; Spörl, Ingrid; Steinmann, Sabine; Timm, Thorsten; van der Mispel, Nadine; Vilipas, Sigrun; Weigmann, Angelina; Wilke, Marlies

Gestaltung: www.isadesign.info, Isabella Marker, Garmisch-Partenkirchen
Illustrationen: Isabella Marker, Garmisch-Partenkirchen

Lektorat: Wolfgang Baier
Druck: AZ Druck und Datentechnik, Kempten/Allgäu

Gedruckt auf chlorfrei gebleichtem Papier

Printed in Germany
ISBN 978-3-9813054-5-6

Liebe Freunde des Havanesers oder solche, die es werden wollen!

Wir vom Havi-Hunde-Forum stehen Ihnen natürlich gerne mit Rat und Tat bei sämtlichen Havaneserfragen zur Verfügung.

Sie haben z.B. Fragen zu:

- Züchteradressen
- Hundefutterlieferanten
- Ernährung
- Tierarztbesuch
- Sonstige Themen

Wir freuen uns auf Ihren Besuch!

www.havihundeforum.de